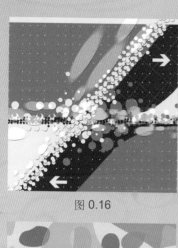

图 0.16

图 0.17

图 0.18

图 0.39

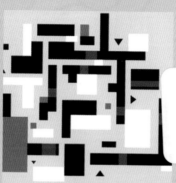

图 0.40

图 0.41

图 0.42

图 0.43

图 0.44

图 0.45

图 0.46

图 0.47

图 2.1

图 2.2

图 2.3

图 2.4

图 2.5

图 2.6

图 2.7

图 2.8

图 2.9

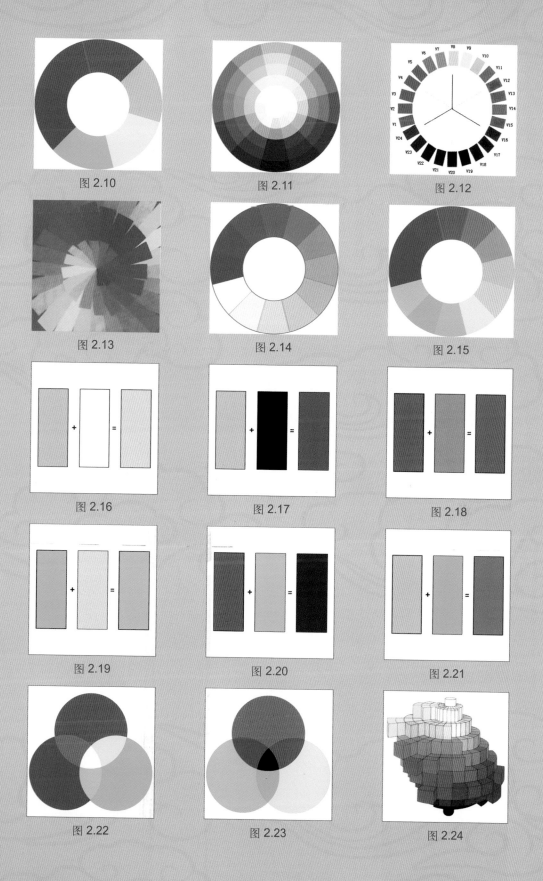

图 2.10

图 2.11

图 2.12

图 2.13

图 2.14

图 2.15

图 2.16

图 2.17

图 2.18

图 2.19

图 2.20

图 2.21

图 2.22

图 2.23

图 2.24

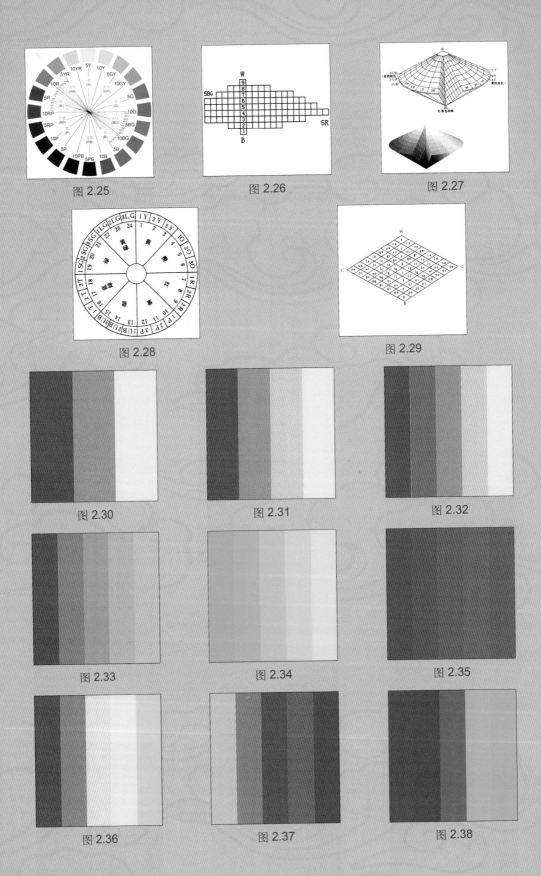

图 2.25

图 2.26

图 2.27

图 2.28

图 2.29

图 2.30

图 2.31

图 2.32

图 2.33

图 2.34

图 2.35

图 2.36

图 2.37

图 2.38

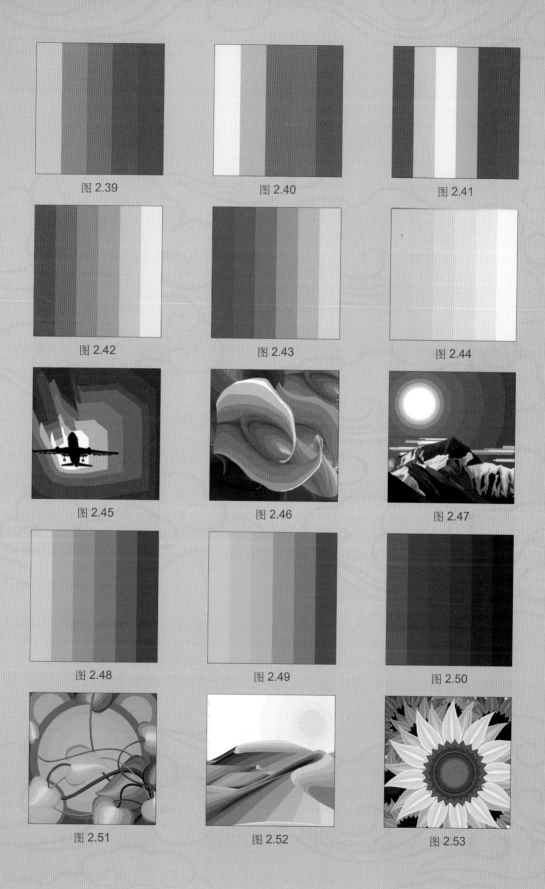

图 2.39

图 2.40

图 2.41

图 2.42

图 2.43

图 2.44

图 2.45

图 2.46

图 2.47

图 2.48

图 2.49

图 2.50

图 2.51

图 2.52

图 2.53

图 2.54

图 2.55

图 2.56

图 2.57

图 2.58

图 2.59

图 2.60

图 2.61

图 2.62

图 2.63

图 2.64

图 2.65

图 2.66

图 2.67

图 2.68

图 2.69

图 2.70

图 2.71

图 2.72

图 2.73

图 2.74

图 2.75

图 2.76

图 2.77

图 2.78

图 2.79

图 2.80

图 2.81

图 2.82

图 2.83

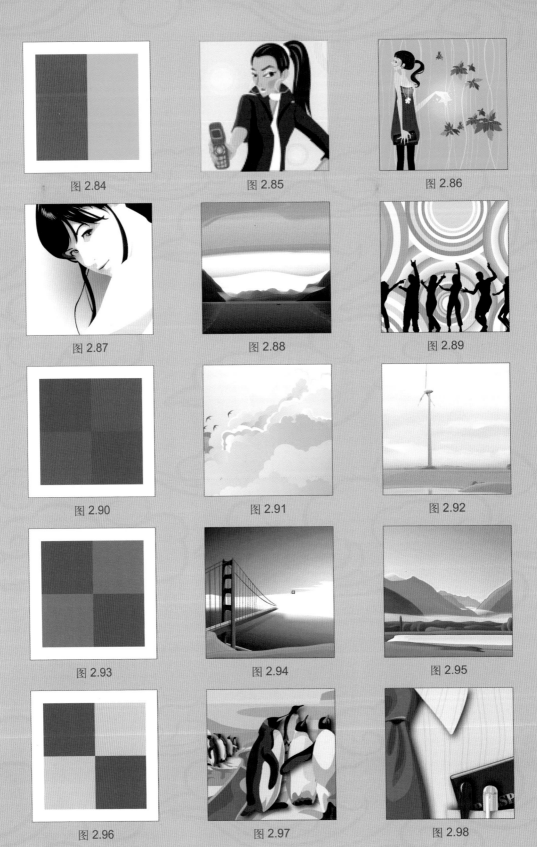

图 2.84

图 2.85

图 2.86

图 2.87

图 2.88

图 2.89

图 2.90

图 2.91

图 2.92

图 2.93

图 2.94

图 2.95

图 2.96

图 2.97

图 2.98

图 2.99

图 2.100

图 2.101

图 2.102

图 2.103

图 2.104

图 2.105

图 2.106

. 图 2.107

图 2.108

图 2.109

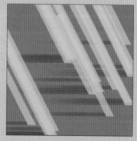

图 2.110

图 2.111

图 2.112

图 2.113

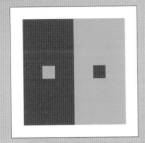

图 2.114

图 2.115

图 2.116

图 2.117

图 2.118

图 2.119

图 2.120

图 2.121

图 2.122

图 2.123

图 2.124

图 2.125

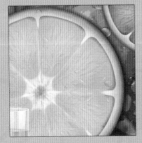

图 2.126

图 2.127

图 2.128

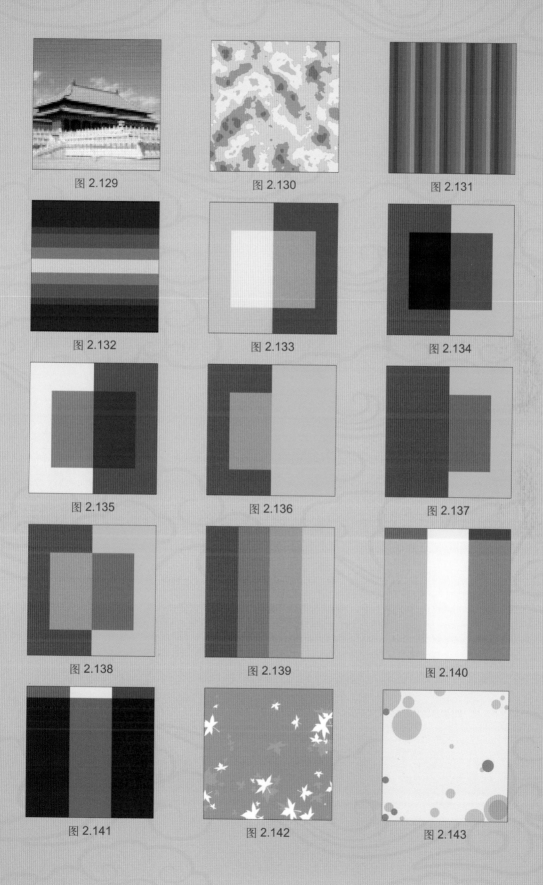

图 2.129

图 2.130

图 2.131

图 2.132

图 2.133

图 2.134

图 2.135

图 2.136

图 2.137

图 2.138

图 2.139

图 2.140

图 2.141

图 2.142

图 2.143

图 2.144

图 2.145

图 2.146

图 2.147

图 2.148

图 2.149

图 2.150

图 2.151

图 2.152

图 2.153

图 2.154

图 2.155

图 2.156

图 2.157

图 2.158

图 2.159

图 2.160

图 2.161

图 2.162

图 2.163

图 2.164

图 2.165

图 2.166

图 2.167

图 2.168

图 2.169

图 2.170

图 2.171

图 2.172

图 2.173

图 2.174　　　　　　　　图 2.175　　　　　　　　图 2.176

图 2.177　　　　　　　　图 2.178　　　　　　　　图 2.179

图 2.180　　　　　　　　图 2.181　　　　　　　　图 2.182

图 2.183　　　　　　　　图 2.184　　　　　　　　图 2.185

图 2.186　　　　　　　　图 2.187　　　　　　　　图 2.188

图 2.189

图 2.190

图 2.191

图 2.192

图 2.193

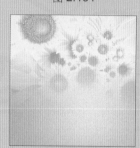

图 2.194

图 2.195

图 2.196

图 2.197

图 2.198

图 2.199

图 2.200

图 2.201

图 2.202

图 2.203

图 2.204

图 2.205

图 2.206

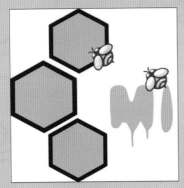

图 2.207

图 2.208

图 2.209

图 2.210

图 2.211

图 2.212

图 2.213

图 2.214

图 2.215

21 世纪全国高职高专土建系列工学结合型规划教材

建筑·园林·装饰
设计初步

主　编　王金贵
副主编　王秀梅
参　编　常春丽　王庆海　蔡　乐
主　审　孙　江　姜长军

北京大学出版社
PEKING UNIVERSITY PRESS

内 容 简 介

本书针对高等职业教育非艺术类学生编写，编者致力于将抽象的构成思想转变成能够指导实际设计的基础理论。书中详细讲解了如何产生设计概念，如何将设计概念转变成设计构思，如何将设计构思表现成具体形象，如何将形象分解组合应用到各种建设和制造工艺中，使初学者形成宏观且系统的设计理念，积淀设计修养，为设计者走向设计殿堂铺平道路。

本书适合建筑设计、园林工程技术、建筑装饰、室内设计等相关专业的学生使用。

图书在版编目(CIP)数据

建筑·园林·装饰设计初步/王金贵主编. —北京：北京大学出版社，2014.10

（21世纪全国高职高专土建系列工学结合型规划教材）

ISBN 978-7-301-24575-0

Ⅰ.①建…　Ⅱ.①王…　Ⅲ.①建筑设计—高等职业教育—教材②园林设计—高等职业教育—教材③室内装饰设计—高等职业教育—教材　Ⅳ.①TU2②TU986.2③TU238

中国版本图书馆CIP数据核字（2014）第172537号

书　　　名：建筑·园林·装饰设计初步
著作责任者：王金贵　主编
策 划 编 辑：赖　青　李　辉
责 任 编 辑：李　辉
标 准 书 号：ISBN 978-7-301-24575-0/TU·0421
出 版 发 行：北京大学出版社
地　　　址：北京市海淀区成府路205号　100871
网　　　址：http://www.pup.cn　新浪官方微博：@北京大学出版社
电 子 信 箱：pup_6@163.com
电　　　话：邮购部62752015　发行部62750672　编辑部62750667　出版部62754962
印 刷 者：三河市博文印刷有限公司
经 销 者：新华书店
　　　　　　787毫米×1092毫米　16开本　16.5印张　彩插8　404千字
　　　　　　2014年10月第1版　　2014年10月第1次印刷
定　　　价：39.00元

前　言

设计是一个令人羡慕的行业，它可以把一个概念、一种想象变成现实。因此，它的魅力在于能够使思想者有着陆的双腿，使创造者有腾飞的翅膀。许多从业者都想通过专业的设计理论和精湛的表现技巧，将构思变成事实。设计的难点在于如何形成思想，如何将思想表现成形象。设计的不难之处是能够快速地找到进入行业的道路，顺利地带着自己的思想走向现实。

针对高等职业教育非艺术类学生艺术修养薄弱、设计思维较难形成、表现技巧欠缺等因素，为了使学生能快速适应设计领域的学习，编者总结了多年的教学心得和实践经验编写了本书。

想要真正地成为一名设计师，需要多方面的素质积累，广泛涉猎知识，在历史、地理、人文、艺术等各个方面都要有一定的修养，在绘画、计算机辅助设计等方面都要具备一定的表现能力。从事设计行业是一份辛苦的差事，因此需要从业者加倍努力才可以成功。

高等职业教育更多的是面向实际工作岗位培养人才，强调的是实用性，因此高职的教学更应该追求将复杂的问题简单化。本书基于各类设计过程，结合经典案例，图文并茂地讲解设计的基本过程，在编写过程中致力于将抽象的构成思想转变成能够指导实际设计的基础理论。本书主要针对建筑设计、园林工程技术、建筑装饰、室内设计等专业，以构成理论为核心，以培养学生形成设计思维为目标，以锻炼学生表现技巧为手段。

本书由王金贵任主编，王秀梅任副主编，常春丽、王庆海、蔡乐参编。编写分工如下：王金贵负责编写绪论、模块 1，王秀梅负责编写模块 2、模块 3，常春丽负责编写模块 4，蔡乐负责编写模块 5，王庆海负责编写模块 6、模块 7、模块 8。

本书由连云港高等师范专科学校孙江教授和哈尔滨师范大学美术教育系姜长军主审。

由于编者水平所限，书中不妥之处在所难免，望广大师生、读者提出宝贵意见。

编　者

2014 年 6 月

目 录

绪　　论

学习目标

1. 明确设计的概念及分类。
2. 掌握设计理论基础——构成的概念，构成的分类及作用。
3. 了解构成理论在设计中的应用，了解表现技法对设计的作用。

学习要求

能力目标	知识要点	相关实验或实训	重点
熟悉	设计的概念		
掌握	构成的概念、分类及作用		★
理解	构成在设计中的应用		

设计在字面上看，设乃筹划，计乃计划、打算。《新华词典》对设计一词的解释是在做某项工作之前，预先制定的方案、图样等。美国设计理论家维克多·巴巴纳克（Victor Papanek）对设计（Design）的定义是为构建有意义的秩序而付出有意识的直觉上的努力。因此可以将设计理解为：理解用户的期望、需要、动机，并理解业务、技术和行业上的需求和限制；将这些所知道的东西转化为对产品的规划（或者产品本身），使得产品的形式、内容和行为变得有用、能用，令人向往，并且在经济和技术上可行。这是设计的意义和基本要求所在，这个定义可以适用于设计的所有领域，尽管不同领域的关注点从形式、内容到行为上均有所不同。所以，设计是把一种计划、规划、设想通过视觉的形式传达出来的活动过程。设计是人类造物活动进行预先的计划，因此完全可以把任何造物活动的计划的技术和过程理解为设计。

知识链接

包豪斯（Bauhaus）是德国魏玛市的"公立包豪斯学校"（Staatliches Bauhaus）的简称，后改称"设计学院"（Hochschule für Gestaltung），如图 0.1 所示。在两德统一后位于魏玛的设计学院更名为魏玛包豪斯大学。它的成立标志着现代设计的诞生，对世界现代设计的发展产生了深远的影响，包豪斯也是世界上第一所完全为发展现代设计教育而建立的学院。包豪斯一词是由它的创始人瓦尔特·格罗皮乌斯（图 0.2）造出来的，是德语 Bauhaus 的译音，由德语 Hausbau（房屋建筑）一词倒置而成。

图 0.1

图 0.2

随着人类的发展和社会的进步，设计行业已经发展出相当多的种类，其中历史悠久、广为人知的设计种类有建筑设计、室内设计、公共艺术设计、景观设计、环艺设计、工业设计、机械设计、广告设计、书籍设计、影视动画设计、网站设计、服装设计、化妆设计等。

0.1 设计基础理论——构成

众多通过视觉传达的形象设计可以概括为"视觉形象设计"，如建筑设计、室内装饰设计、景观设计等。进行视觉形象设计最先要解决的问题就是创意问题，也就是形成一个概念的过程，这是一个非常抽象的问题。解决这个问题就是要将现有的形象进行概括整理、分解组合、恰当的取舍，重构符合设计需要的形象。对于设计初学者来说就需要一定的理论指导，这是师者和学者都需探讨的问题。为此人们一直在寻求得到能够顺利走入设计大门的钥匙。

历史上有很多关于设计方面的理论，但这些理论大多都只是针对某一个领域，缺乏代表性，不能全面、系统地指导视觉形象设计。至 20 世纪 20 年代初，包豪斯设计学院在格罗皮乌斯提出的"艺术与技术的统一"口号下，努力寻求和探索新的造型方法和理念，对点、线、面、体等抽象艺术元素进行大量的研究，在抽象的形、色、质的造型方法上花了很大的力气，他们在教学当中的这种研究与创新为现代造型理论打下了坚实的基础，这便是现代设计理论的基础，现代造型理论——构成。

0.1.1　构成理论的产生

"构成"形成于 20 世纪初，其 3 个重要的源头一般认为是俄国十月革命后出现的构成主义运动、荷兰的"风格派"运动、德国以包豪斯设计学院为中心的设计运动。

1. 俄国的构成主义运动

俄国的构成主义运动，在艺术史上也称为"至上主义"运动，是在当时一小批先进的知识分子之中产生的艺术运动和设计运动。由于政治、经济等各方面的原因，这次运动本身并没有对世界产生很大的影响。但是，一批当时构成主义、前卫艺术的探索者离开俄国前往西欧，其中包括康定斯基、马克·夏加尔、李西斯基等，他们将构成主义的原始概念和形式传入西欧，对新的艺术形式发展起到了促进作用。

2. 荷兰的"风格派"运动

"风格派"是荷兰的一些画家、设计师、建筑师于 1917—1928 年组织的一个相对松散的团体，其中主要的组织者和领导者是杜斯伯格，而维系这个团体的核心刊物是《风格》杂志。"风格派"的思想和形式大部分源于蒙德里安的绘画。蒙德里安认为世界是由横向和纵向的结构组成的，基本颜色为红、黄、蓝，同时他提出真正的视觉艺术应该是通过有序的运动而达到的高度平衡，这是艺术表现真实的关键。

3. 德国的包豪斯设计学院

包豪斯的设计运动是由欧洲工业革命引发的。欧洲工业革命前的手工工艺生产体系以劳动力为基点，而工业革命后的大工业生产方式则是以机器手段为基点。手工时代的产品，从构思、制作到销售，全都出自工匠之手，这些工匠以娴熟的技艺取代或包含了设计，可以说这时没有独立意义上的设计师。工业革命以后，由于社会生产分工，设计与制造分离，制造与销售分离，设计因而获得了独立的地位。然而大工业产品的弊端是粗制滥造，产品审美标准失落。究其原因是技术人员和工厂主一味沉醉于新技术、新材料的成功运用，他们只关注产品的生产流程、质量、销路和利润，并不顾及产品美学的品味；另一个重要的原因是艺术家不屑关注平民百姓使用的工业产品。因此，大工业中艺术与技术对峙的矛盾十分突出。

包豪斯顺应工业社会的发展，致力于纯美术与应用视觉艺术的共性研究，提倡艺术与技术的统一，建立起现代工业设计的新体系。包豪斯贯彻全新的教育理念，以建筑设计为中心、以艺术设计综合化为手段、倡导艺术与技术相结合，在不断深入实践的教学中探索与现代工业相适应的教育途径。在当时包豪斯的课程当中，就设立了以"构成"为核心的设计基础课程体系。"构成"是包豪斯设计基础课体系中的一门重要课程，德语为"Gestaltung"（日语译作"构成"，英语译作"Composition"）。它的研究范围是造型和色彩的基础知识，由伊顿、康定斯基和莫霍里·纳吉等大师创建和发展。

构成主义是现代艺术兴起的流派之一，讲求的是形态之间的组合关系，即艺术家主观地观察宏观和微观世界，探求各物象间的构筑规律，然后按照自己的理解直观抽象地表现客观世界。它强调造型美在于功能直接产生的形态美，而不仅仅是在事物的外表加以装饰，这一理论使艺术设计脱离了传统的"纯粹艺术"与"传统装饰方法"。

知识链接

包豪斯的基础课程

在 20 世纪 20 年代初，包豪斯开设的基础课并不完全是崭新的课程，当时德国的其他美术学校也已经开设。真正使包豪斯基础课程与众不同的是它的理论基础，通过理论的教育启发学生的创造力，丰富学生的视觉经验，为进一步的专业设计奠定基础。当时大部分学校基础课程是单纯的技术训练，没有任何理论支持，也没有理论依据，而包豪斯基础课程的最大特点是有严谨的理论作为基础教学的支持。无论是伊顿、克利，还是康定斯基，他们的基础课程都建立在严格的理论体系基础之上。他们在基础课程的教学中都强调对形式（平面和立体）和色彩的系统研究。他们的基础教育体系具有以下 3 个特点：一是融合当时各种前卫艺术运动的成果和设计艺术精神，从而培养具有创新价值的创造力；二是从科学的角度出发（包括物理、化学、人体工程、生理学和心理学等因素），对视觉形态及其构成规律进行深入研究；三是重视对不同材质物质性能的理解，鼓励学生对色彩、形式、想象力进行理性的分析与试验，培养崭新的、敏锐的视觉认知能力。

0.1.2 构成的概念

20 世纪 70 年代后期随着国门的打开，波涛汹涌的外来文化冲击着封闭太久的各行各业。随着人们生活空间的扩大，生活品质的不断精良化，设计涉及的范围也越来越广，门类也越分越细，门类间的互相渗透也越来越多。这时涵盖各门类的设计基础学科也就更显重要，大约20世纪80年代，我国一些艺术院校逐渐引进了造型理论基础——构成。

《现代汉语词典》对构成的解释是"形成"、"造成"。现代设计领域，构成一词来源于包豪斯的"构成主义"，更多的含义是分析问题和解决问题的方法。

构成是一个造型概念，是现代造型设计领域中的一个专用术语。构成是一门研究视觉艺术的理论学科，是现代视觉传达艺术的理论基础。其研究的对象便是视觉形象，主要功能是研究如何塑造视觉形象。

构成——在造型设计中将不同的视觉元素按照形式美法则或满足设计需求的前提下构筑成新的视觉形象，表达新的意念的造型理论，如图 0.3 所示。

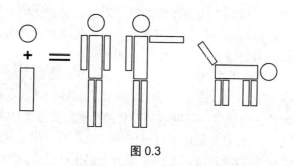

图 0.3

1. 构成的两个核心

1）造型要素

造型要素即构成的基本素材，如：形态的概念元素（点、线、面）；视觉元素（形状、大小、色彩、肌理）；关系元素（方向、位置、空间、重心）；材料、技法及其法则等。

2）感情心理要素

感情心理要素即造型要素通过视觉、知觉所引起的情感心理反应，即塑造的形象会产生什么样的联想、反映、情感等。

2. 形式美法则

形式美法则是人类在创造美的形式和创造美的过程中，对美的形式规律的经验总结和抽象概括。形式美是任何设计领域都必须追求的精髓，形式美的表现可以满足视觉的心理和美学的要求，考虑到了科学性和实用性。"艺术源于劳动，实用先于审美"。追寻历史形式美要源于旧石器时代的对称形和圆形的打制石器。一开始古人在工具上刻上花纹做记号是单纯地为了识别，随着时代的发展再刻上去的花纹变成了一种装饰，一种固定形式，一种美好事物的象征，商标便随之出现。

知 识 链 接

有一个叫王麻子的铁匠做剪刀特别锋利耐用，做剪刀的铁匠很多，王麻子为了区别自己的剪刀便在上面刻了一个王字，只要一看到带"王"字的剪刀便知道是王麻子的，这便是一种形式上的认可。再如可口可乐，它的标志和红色也是一种形式，现在的商标与一个"王"字相比，现在的商标要漂亮得多，这便又给形式赋予了一定的美感。可口可乐的标志也改了很多次，目的就是在它作为一种固定的形式的同时，更多地给人一种美的享受。

目前被人们一直认可的美的形式主要有如下几种：比例与尺度、对称与均衡、统一与变化、节奏与韵律、调和与对比、联想与意境等。

1）比例与尺度

任何一个完美的造型都必须具备协调的比例及尺度。比例是部分与部分或部分与全体之间的数量关系，它是精确详密的比率概念。尺度是人们衡量事物大小的标准。人们在长期的生产实践和生活活动中一直运用着比例关系，并以人体自身的尺度为中心，根据自身活动的方便总结出各种尺度标准，体现在衣食住行的器物和工具的制造中。如早在古希腊就已被发现的至今为止全世界公认的黄金分割比 1：1.618 正是人眼的高宽视域之比。恰当的比例有一种协调的美感，成为形式美法则的重要内容。美的比例是平面构图中一切视觉单位的大小以及各单位间编排组合的重要因素。正确的尺度和比例可以使造型完美，恰当的尺度和比例关系可以使形象富于变化，如图0.4所示。

2）对称与均衡

对称的形态在视觉上有自然、安定、均匀、协调、整齐、典雅、庄重、完美的朴素美感，符合人们的视觉习惯。自然界中到处可见对称的形式，如鸟类的羽翼、花木的叶子等。视觉形象设计中运用对称法则要避免由于过分的绝对对称而产生单调、呆板的感觉。均衡是在不对称中求平稳。使用均衡方法塑造的形象会变得生动活泼，有自然的美感，保持视觉意义上的力度平衡、动态的平衡，如图0.5所示。

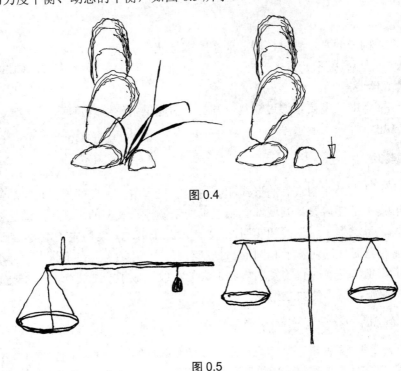

图0.4

图0.5

3）统一与变化

统一是共性的强调，最求严肃、规整、平静、和谐的艺术效果。变化是个性的强调，追求变化、活跃、刺激。设计中有时必须具有统一性，统一性越单纯，越有美感。但只有统一而无变化，则不能使人感到有趣味，美感也不能持久，这是因为缺少刺激，变化是刺激的源泉，有唤起兴趣的作用。但变化也要有规律，无规律的变化，会引起混乱和繁杂。因此变化必须在统一中产生，如图0.6所示。

4）节奏与韵律

节奏本是指音乐中音响节拍轻重缓急的变化和重复。节奏这个具有时间感的用语在构成设计上是指以同一视觉要素连续重复时所产生的运动感。韵律原指音乐（诗歌）的声韵和节奏。诗歌中音的高低、轻重、长短的组合，匀称的间歇或停顿，一定地位上相同音色的反复及句末、行末利用同韵同调的音相加以加强诗歌的音乐性和节奏感，就是韵律的运用。构成中单纯的单元组合重复易于单调，由有规则变化的形象或色群间以比例变化处理排列，使之产生音乐、诗歌的旋律感，称为韵律。有韵律的构成具有积极的生气和加强魅力的能量，如图 0.7 所示。

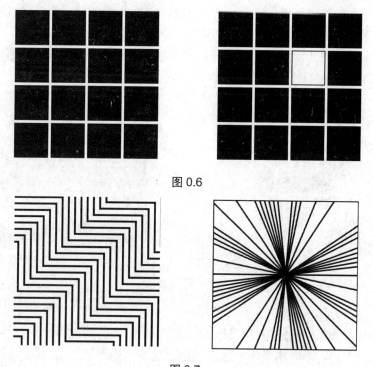

图 0.6

图 0.7

5）调和与对比

设计中对比与调和应用极广，如在大小、方向、虚实、高低、宽窄、长短、凹凸、曲直、多少、厚薄、动静及奇数与偶数的对比。对比是造型取得视觉特征的途径。调和是标志完整统一的保证，如图 0.8 所示。

图 0.8

6）联想与意境

视觉设计通过视觉传达而产生联想，达到某种意境。联想是思维的延伸，它由一种事物延伸到另外一种事物上。如形状的不同会使人产生不同的联想：粗线条会感觉有力，细线会感觉锐利，水平造型会感觉平静，倾斜造型会感觉运动。再如图形的色彩：红色使人感到温暖、热情、喜庆等；绿色则使人联想到大自然、生命、春天，从而使人产生平静感、生机感、春意等。各种视觉形象及其要素都会产生不同的联想与意境，由此而产生的图形的象征意义作为一种视觉语义的表达方法被广泛地运用在平面设计构图中。中国艺术较为讲究意境，这一点在中国画中应用得较多，如齐白石先生画的柿子寓意"吉利"，如图0.9所示。当代艺术大师韩美林先生的作品也都可以反映出在进行艺术创作的同时，更多的要将意境蕴含其中，如图0.10所示。意境是一种想象，是人们观察形象的一种联系，是艺术作品的灵魂。

图 0.9

图 0.10

3. 构成的主张

构成作为从包豪斯的构成主义到现代设计教育中造型的基础科目，已经发展成为一门系统的设计基础学科。当时构成的表现形式按照荷兰风格派的主张，即"一切作品都要尽量简化为最简单的几何图形，如立方体、圆锥体、球体、长方体或是正方形、三角形、矩形等"。这种分析的目的就是对物象本质的分析，进一步对视觉形象进行重构。构成的主张主要表现在以下几个方面。

1) 把形态、色彩等要素作为构成的主体，完全或几乎不再现具体对象

图0.11是美国画家詹尼的花卉写生作品《望鹤兰》，其没有进行具象的再现，而是通过概括性的表现将花卉的形态和梦境般的色彩表现出来。图0.12中韩美林先生写意性的几笔便把牛的神态表现得淋漓尽致。

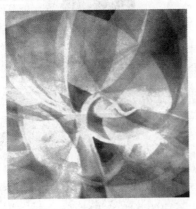

图 0.11

图 0.12

2）追求造型的纯粹化、抽象化、简洁化

构成基本造型的活动之一，就是以基础造型活动为主要内容，所以构成是由具象造型到抽象造型的一个必然过程。图 0.13 是毕加索的《公牛》创作过程中的变化，由此可以理解什么是造型的简洁化、纯粹化和抽象化。

图 0.13

3）通过形态、色彩创造出强烈的视觉效果

图 1.14 是通过平面元素的排列、组合构成了丰富的平面形象，使平面形象更具空间感和想象力，从而制造出了强烈的视觉效果。

图 0.15 是通过立体构成理论塑造出来的形象，具有强烈的空间感，进而烘托视觉效果。

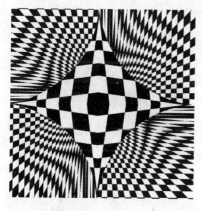

图 0.14

图 0.15

图 0.16、图 0.17、图 0.18（详见后附彩图）是将色彩要素通过不同的手法组合在一起，渲染形象，制造出更为复杂的视觉效果。

4）不受时间和空间的限制

在中国结婚的新娘子向来是要穿红颜色的衣服，但衣服的样式在不断地变化，所以设计者如果想要塑造一种结婚喜庆的视觉效果，在构成上完全不用考虑如何造型，只需选择红颜色即可表达。图 0.19 是中国铁路系统的标志，此标志设计在新中国成立之初，采用的是工人二字的组合，形似蒸汽机的车头和铁轨。然而现在此种列车已经很少见了，很多当代人根本读不懂，一定程度上影响了对标志的含义理解。

图 0.19

0.1.3　构成的作用

构成作为一门造型理论的基础学科被视觉设计类行业广泛应用，如工业产品造型设计、包装设计、广告设计、商标设计、手工艺品设计、服装设计、图案设计、建筑设计、环境艺术设计、景观设计等，构成是造型设计的基础理论。

1.　构成理论的作用

构成理论的作用主要表现在以下几个方面。

（1）构成是将自然形态和人工形态提炼成各种视觉元素，进一步研究他们各自的特点和相互关系，按照形式美法则进行分解和重构，如图 0.20、图 0.21 所示。

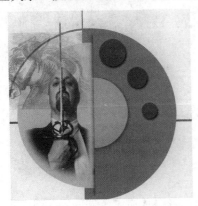

图 0.20

图 0.21

（2）构成主要是从抽象的形态入手，其重点是锻炼设计者对形的敏感性、归纳性与创造性。如毕加索的绘画及一些概念性的设计都利用了构成的这一作用，如图0.22、图0.23所示。

（3）构成主要也是训练设计者将抽象的形式美熟练地运用到形象设计中，为培养现代视觉形象设计人才打下坚实的基础。

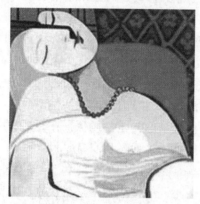
图 0.22

图 0.23

2. 构成课程的目的和特点

造型设计者进行视觉形象创造必须具备一定的造型能力，而造型能力的获得是通过提高解决能力和创造能力来实现的，解决能力就是如何解决现有造型的材料、工具、技巧相互配合相互适应的能力；创造能力是设计者敏锐的感受能力和丰富的构想能力。这些能力的获得无一不是通过系统的构成理论学习和实践获得的。所以构成课程的开设就是为了使设计者迅速地提高造型能力。

系统地学习构成课程必须了解该课程的特点，从构成的课程目的和训练方式等方面看构成课程主要有以下几个特点。

1）构成课是一门理论与实践相结合的课程

成熟的理论通过大量的实验得以验证，通过长期的实践应用得以完善。构成理论也是一样，离不开这种永恒不变的哲学道理，就像科学的进步是与实验分不开一样，在造型艺术上，对形的创造，也必须依靠大量的实验才能完成。构成课的训练中，对形的创造包含发现新形和积累两层含义，这种发现和积累只有在大量的对于材料、工具和技法的反复试验中才能完成。材料和工具是现存的东西，只有广泛地接触和尝试，才能为造型提供大量的可能性，并从中产生与众不同的结果，技巧则是感性的东西，需要花大量的时间和精力去反复试验，才能得到提高，并从中发现属于自己的方法。总之，构成课的整个过程就是在反反复复的实验过程中逐渐提高造型能力和创造能力。

2）构成课是一项"非目的性"的课程

构成课程的目的是训练造型能力，是一切视觉形象设计的基础。其有别于各类专门设计，塑造的形象是在排除一切限制条件下进行的。由此可以说构成课程训练的是设计者纯粹的造型能力，没有应用之目的，只是单纯的形象塑造。所以这里的"非目的性"是针对有目的要求的应用设计而言的。构成课是在众多的造型设计门类中提取出来的，但其有别于各个具体的设计门类。各种实用设计目的性极强，为了达到设计目的，满足设计要求，设计的全过程都是在众多的条件限制下完成的。没有作为前提条件的目的，就没有设计的必要，设计首先是对条件的满足。构成课则不一样，为提高对设计者造型能力的培养，构成课在整个训练过程中，抛开了用途等条件的限制，纯粹站在造型的立场去追求造型的可能性。更具体地讲，构成课的每一项练习，都不是一件具体的、有应用目的的设计，但在每个构成作业中又似乎都有着某些应用设计的潜在影子。构成课训练就是这样在似与不似之间与目的设计发生联系，从而达到基础训练的目的。

3）构成课在材料和工具的选择上具有很强的灵活性

构成课根本目的就是训练设计者在塑造形象上的解决能力的创造能力，具备较强的创造能力，这就需要设计者在构成的材料、工具、技法等方面有较强的灵活性。一方面，构成训练应尽量广泛地选择不同类型的材料和工具进行大量的尝试，以保证在今后的应用设计中对材料和工具运用自如。新工具、新材料、新技法的发现，本身就是设计师能力的体现。另一方面，在材料和工具的有效利用上对于一些常见或常用的材料和工具的使用，要能充分地发挥其利用价值，对同一种材料和工具要有不同的使用方法，甚至别出心裁，发现其独特的使用价值。对于一些未见到或未使用过的材料和工具，也要能从自己已掌握的材料、工具的使用经验中举一反三，灵活使用，这才是构成课训练的创造力不可缺少的创造精神之所在。

0.1.4　构成的分类

构成作为造型的基础，主要研究的问题就是造"形"。这里的"形"是指"形象"，就是人们通常所说的"视觉形象"。视觉形象包括三维空间里的立体"形态"和二维空间里的"图形"。所以构成学对形的研究，就有平面的图形和立体的形态两个方面。在构筑形象的同时，必须面对色彩对形象的影响，因此还必须研究对视觉效果起着重要作用的色彩问题。所以图形、形态、色彩组成了构成学研究的 3 个主要方向。在教学上，为了系统、深入地研究，针对不同的侧重点，把平面、立体和色彩这 3 个影响造型的主要问题，分别归纳为"平面构成"、"立体构成"、"色彩构成"三大构成来进行研究。

1. 平面构成

平面构成主要是研究二维空间内的造型规律，如何塑造平面形象，其塑造的形象就是人们通常所说的图形，如图案、纹样、肌理（质感）等，如图 0.24、图 0.25、图 0.26 所示。平面图形只是一种平面上的视觉形象组合，设计作品几乎都具有几何图形的味道，如图 0.27、图 0.28、图 0.29 所示。

平面构成应用范围很广，如建筑及建筑装饰设计、室内设计、环艺设计、景观设计、园林设计、服饰设计、广告设计、书籍装帧设计等。图 0.30、图 0.31、图 0.32 是平面构成在建筑铺装上的应用，采取不同的形状组合制造不同的视觉效果。

图 0.24　　　　　　　　　　图 0.25　　　　　　　　　　图 0.26

图 0.27　　　　　　　　　　图 0.28　　　　　　　　　　图 0.29

图 0.30　　　　　　　　　　图 0.31　　　　　　　　　　图 0.32

　　图 0.33、图 0.34、图 0.35 是平面构成手段在室内设计中的应用，无论是墙面的纹样造型还是地板的图案组合都应用了平面构成的手法。

　　图 0.36、图 0.37、图 0.38 是平面构成在园林设计中的应用，在园林设计中很多地方都可以看到平面构成手法的痕迹，如模纹花坛、道路铺装乃至整个园林规划的布局等。

图 0.33　　　　　　　　　　图 0.34　　　　　　　　　　图 0.35

图 0.36

图 0.37

图 0.38

2. 色彩构成

色彩构成主要处理形象的色彩、形象与形象间、形象与环境间的各种色彩关系。它主要研究人们主观意识对色彩的反映，而不是简单地理解为研究色彩的客观规律。色彩构成是艺术设计的基础理论之一，它与平面构成及立体构成有着不可分割的关系，色彩不能脱离形体、空间、位置、面积、肌理等而独立存在，如图 0.39、图 0.40、图 0.41 所示(见后附彩图)。

色彩是人们认识客观世界和理解事物本质的重要途径，色彩更是设计者创造形象的重要手段，解决色彩问题是所有设计者必须面对的问题。在色彩方面有天赋的人需要不断地总结提高，没有色彩天赋的人更需要学习色彩理论来丰富自己的设计能力。色彩构成理论是视觉形象设计者必须掌握的设计理论之一，通过不断的总结提炼，色彩构成理论被广泛地应用到各种视觉形象设计中。如绘画、雕塑、建筑、景观设计、服装设计等。

图 0.42（详见后附彩图）是荷兰画家凡·高的油画作品《向日葵》。堪称凡·高的化身的《向日葵》仅由绚丽的黄色色系组合。凡·高认为黄色代表太阳的颜色，阳光又象征爱情，因此具有特殊意义。凡·高笔下的向日葵，像闪烁着的熊熊的火焰，艳丽、华美，同时又和谐、优雅甚至细腻，那富有运动感的和仿佛旋转不停地笔触粗厚有力，色彩的对比也是单纯强烈的。然而，在这种粗厚和单纯中却又充满了智慧和灵气。观者在观看此画时，无不为那激动人心的画面效果而感染，心灵为之震颤，激情也喷薄而出，无不跃跃欲试，共同融入凡·高丰富的主观感情中去。

图 0.43（详见后附彩图）是法国印象派画家莫奈 1872 年创作的《印象·日出》。印象派画家的作品在色彩上采用原色并列、重叠和补色手法，形成印象派新的绘画语言。为了表现物体的动态变化和光色的斑斓绚丽、光怪陆离，印象派画家采用小笔触和色调并列方法，有些颜色不再在调色板上调配，而是红、黄、蓝三原色并列，时而重叠，并把红和绿、黄和紫、蓝和橙色补互对比，使色彩在强烈视觉冲击中产生新的和谐。印象派新的"光色"技法形成了新的绘画语言，令人耳目一新。

图 0.44（详见后附彩图）是中央美术学院教授蒋彩萍的国画作品《筛月》，作品在色彩的处理上采用了写意的手法，运用蓝色象征月光，将复杂的月下荷塘很简单地表现了出来。虽然没有画月没有画光，但月下的感觉却一目了然，充分地体现了色彩的作用。

图 0.45（详见后附彩图）是青岛市五四广场前的《五月风》雕塑，雕塑像一枚巨大的火炬，像一颗恢宏的心，又像一股旋转的风。它鲜红的色彩，雄浑的体魄，有一种大气磅礴、奋飞向上的动势，预示青岛美好广阔的未来。这座标志性雕塑，提升了整个城市的精

神风貌和文化品位，已成为青岛现代化建设的灵魂。它与市政府大厦，与周边的景观，形成青岛市东部最靓丽的一道风景。

图 0.46（详见后附彩图）是江西井冈山市的《井冈红旗》雕塑，雕塑是一面鲜艳夺目、迎风招展的红旗，象征着这里是革命的圣地，这里曾经指导、引领着中国革命的方向，同时也呈现出一种勇往直前的态势。

图 0.47（详见后附彩图）是济南市泉城广场的《泉》雕塑，雕塑似三股清泉自"城"中磅礴而出，内涵丰富而直冲云天的挺拔造型，象征着泉城奔向更为辉煌灿烂的未来。这 3 个雕塑无疑都选用了与立意和造型相匹配的色彩，通过色彩来渲染主体，足见色彩在设计中的重要性。

3. 立体构成

立体构成也称空间构成，是研究空间立体形态的学科。立体构成中形态与形状有着本质的区别，物体中的某个形状仅是形态的无数面向中的一个面向的外廓，而形态是由无数形状构成的一个综合体。整个立体构成的过程是一个分割到组合或组合到分割的过程，将现有形态还原到点、线、面，进行分析理解，进而将点、线、面组合构筑丰富的三维形态。

立体构成是研究立体造型各元素的构成法则，其任务是揭开立体造型的基本规律，阐明立体设计的基本原理。立体构成的探求包括对材料、结构、技术等多个方面。图 0.48、图 0.49、图 0.50 为各种立体构成。

 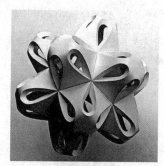 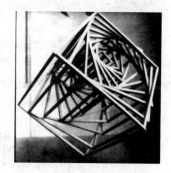

图 0.48　　　　　　　　　图 0.49　　　　　　　　　图 0.50

0.2　设计构思的形象转化——表现技法

形成概念是一个思维过程，概念只是设计者的一种想法，或是认识和创造的一种描述，仍处在抽象的不可见的阶段。有了概念后如何展现出来，便进入了另一个过程——表现。表现过程需要一定的方法和手段，所以设计是一个复杂的思维和表现过程。因为设计者不能只站在素材面前进行叙述、书写，设计者应该让观者能够感受一个真实的场景，即使不能完全真实的表现我们的意念，也应让观者从感官上有一个初步的认识。

从构成的原始概念阐述的单纯造型，到各种专门设计中的目的性创造，都需要表现技巧来实现展示。而各种设计中所需要的材料更加复杂，有建筑材料、化工材料、植物材料甚至要考虑地形、地貌及声、光等诸多因素，所以想表现设计的概念是一件十分困难的事情，因此初学者应该掌握一定的表现技法，才能更好地为设计表达服务。

设计初步中的表现主要是通过一定的技法将设计构思直接而又简单地表达出来，只是表达构思的概念，在效果的精确程度上并非很严格，一般要求能够绘制设计效果草图即可。

设计初步中表现技法主要就是在掌握一定素描、速写及图纸绘制的基础知识之上，能够对设计材料进行自由的表现，并能够进行整合综合绘制，让设计效果能够形象地表达出来。图纸的绘制有一定的规范，因此设计者要掌握制图规范，以保证制图的规范化。除采用绘图工具制图外，还必须具备徒手作图的能力，以展示设计构思。

在建筑、园林、室内设计等专业大多都开设《制图》课程，所以在设计初步课程中，关于制图方面的内容就不过多地进行介绍，设计初步中表现技法部分主要是训练设计者具备简单的方案表现的能力。基本要求有以下几点。

（1）了解制图基本要求，具备简单的图纸绘制能力。

（2）掌握绘图工具及绘图软件的使用方法和技巧。

（3）具备熟练的形象表现技巧。

（4）具备材料的表现技巧。

（5）具备环境的表现技巧。

综合应用案例

不同的设计项目表现方法也有所不同，下面通过建筑设计、室内设计、园林设计等表现案例来感受设计方案的表现过程和方法。在欣赏过程中，注意观察表现细节、表现过程和手法。分析自己在表现方面应掌握哪些表现技巧，在后续课程中注意学习和提高。

1. 建筑设计方案表现欣赏

图 0.51

2．室内设计方案表现欣赏

图 0.52

3．园林景观设计方案表现欣赏

图 0.53

推荐阅读资料

[1] 王友江. 平面设计基础[M]. 北京：中国纺织出版社，2004.

[2] 王芃，曾俊. 设计基础[M]. 重庆：西南师范大学出版社，1997.

[3] 满懿. 平面构成[M] 北京：人民美术出版社，2004.

[4] 李燕. 平面构成[M]. 北京：中国水利水电出版社，2009.

[5] 赵志国. 色彩构成[M]. 沈阳：辽宁美术出版社，1998.

[6] 田学哲. 建筑初步[M]. 北京：中国建筑工业出版社，1999.

[7] [美]贝尔托斯基. 园林设计初步[M]. 闫红伟，等译. 北京：化学工业出版社，2006.

[8] 谷康，李晓颖，朱春艳. 园林设计初步[M]. 南京：东南大学出版社，2003.

[9] 徐元甫. 建筑工程制图[M]. 郑州：黄河水利出版社，2008.

[10] 王晓俊. 风景园林设计[M]. 南京：江苏科学技术出版社，1997.

综合实训

当代中国经典设计赏析

【实训目标】

通过对经典设计的欣赏体会造型设计基础理论——构成在设计中的作用，感悟艺术设计内涵。

【实训要求】

1. 分组进行

2. 完成赏析报告（分析设计的特点并对视觉形象设计进行总结，体会构成理论在设计中的作用）

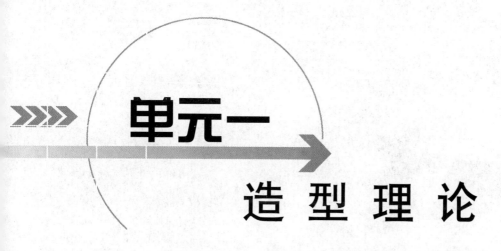

单元一

造 型 理 论

设计初步的造型理论是构建在构成理论基础上的，单元一主要介绍造型理论，共计包括 3 个模块，分别是平面造型理论、色彩造型理论和立体造型理论。

模块

1

平面造型理论——平面构成

学习目标

1. 明确平面构成的概念及作用。
2. 掌握平面造型元素的特点及作用，平面造型的基本形式及造型技巧。
3. 了解平面构成理论在设计中的应用。

学习要求

能力目标	知识要点	相关实验或实训	重点
熟悉	平面构成的概念、造型元素		
掌握	平面造型的基本形式		★
理解	平面构成在设计中的应用		

1.1 平面构成的概念及特性

1.1.1 平面构成的概念

平面构成是将不同的视觉元素在二维空间内，按照形式美法则或是设计者的意愿，进行编排和组合塑造新的形象的视觉艺术理论，如图 1.1～图 1.3 所示。

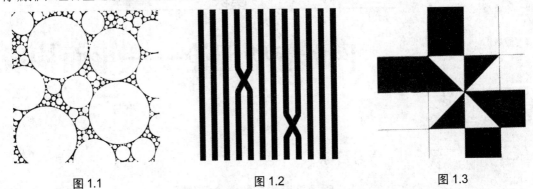

图 1.1   图 1.2   图 1.3

平面构成是一门视觉艺术，是构成艺术理论的一部分，也是现代艺术一个十分重要的组成部分。研究如何在平面上运用视觉语言，创造新的视觉形象，进而来表达设计思想。平面构成是一种理性的艺术活动，它在强调形态之间的关系处理的同时，又要讲究图形给人的视觉引导作用，具有美的价值，使观者产生情感共鸣。

平面构成依其应用目的可以分成目的构成与纯粹构成。目的构成又可以分成两个方面：一是以美术设计为主，以外形视觉表面装饰为目的的设计；二是以结构设计为主，着重内部功能结构的设计。纯粹构成，是用抽象形象或具象形象进行造型活动，是一种设计基础的训练形式。

1.1.2 平面构成的特点及作用

平面构成构筑于现代科技美学基础之上，它综合了现代物理学、光学、数学、心理学、美学等诸多领域的成就，带来新鲜的观念要素，并成功应用于艺术设计诸多领域，成为现代艺术设计基础的必经途径。

平面构成不仅可以再现平面形态的视觉效果，也可以在平面上再现立体形态的视觉效果。平面构成具有简洁、奇妙、离奇、浪漫、变化丰富的视觉效果和心理情感表达准确的功能，如图 1.4～图 1.6 所示。

平面构成主要研究如何创造平面形象、形象与形象之间的关系，进行视觉传递等有关设计问题。平面构成是造型设计者应该掌握和运用视觉语言的一种基本技能。通过平面构成的艺术训练，能够引导设计者了解造型的概念，训练造型的能力、培养审美能力、丰富设计者的想象力和创造力。

图 1.4

图 1.5

图 1.6

特 别 提 示

平面构成是最基本的造型活动。

1.1.3 平面构成的构筑对象——形象

形象是指客观物象的外在轮廓，能引起人的思想或感情活动的具体形状和姿态。

一般来说，客观物象在平面上的投影都可以称之为平面的形象。值得注意的是，一切在平面上存在的图形都可以称为平面形象，虽然有些形象可以表现一定的空间感，由于这个空间感并非真正的三维空间，只是平面上的一种现象产生的视觉感受，所以这类形象也是平面形象，如图 1.7 所示。

图 1.7

1. 形象的类别

形象可以归纳为自然形、偶然形、几何形 3 种形式。

（1）自然形是指日常生活中可见的具体存在的物像，如各种动植物、日月星辰、山石水体等。它是具象的生动表现，如图 1.8～图 1.10 所示。

图 1.8

图 1.9

图 1.10

（2）偶然形（随机形），是指随机出现的形状，这种形象很难控制产生，如图 1.11～图 1.13 所示。

图 1.11

图 1.12

图 1.13

（3）几何形（抽象形），是具象的高度概括。它具有明显的几何特征，如图 1.14～图 1.16 所示。

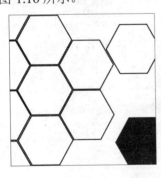

图 1.14

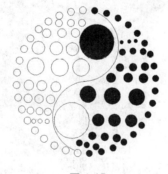

图 1.15

图 1.16

2. 形象之间的关系

并列——两个基本形之间保持一定的距离，如图 1.17（a）所示。

相遇——两个基本形边缘接触，如图 1.17（b）所示。

重叠——一个基本形与另一个基本形有部分重合，产生前后的感觉，如图 1.17（c）所示。

透叠——重叠的两个基本形的重合部分产生色彩上的变化，如图 1.17（d）所示。

联合——重叠的两个基本形没有前后的感觉而是形成一个基本形，如图 1.17（e）所示。

减缺——一个可见的基本形与一个不可见的基本形重叠；如图 1.17（f）所示。

差叠——两个重叠的基本形只有重叠部分出现，如图 1.17（g）所示。

重合——两个基本形完全重叠，如图 1.17（h）所示。

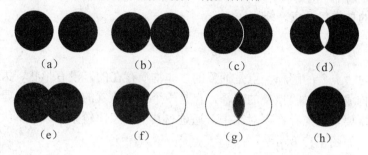

图 1.17

3. 形象与空间的关系

在平面设计中习惯把形象称为"图"，把背景称为"底"。如果形象为黑色的，而背景为白色的，就会产生黑色占据空间的感觉，人们把这种现象称为"正"形象；反之则称为"负"形象。把基本形放到空间中并且继续使用黑白的搭配主要会出现 4 种情况。

（1）消失——白形白背景或黑形黑背景，如图 1.18（a）、1.18（b）所示。

（2）"负"形象——白形黑背景，如图 1.18（c）所示。

（3）"正"形象——黑形白背景，如图 1.18（d）所示。

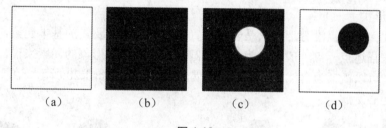

图 1.18

1.2　平面造型元素

平面构成就是将构成元素进行编排组合成新的视觉形象，对视觉形象认识和创造需要众多的元素加以描述与界定，加以修饰与构筑，这些元素统称为平面造型元素。按照元素的功能将其分为 3 种类型：概念元素、视觉元素、关系元素。概念元素是平面形象的一种理论上的描述；视觉元素是将概念元素形象化的元素；关系元素是处理形象之间关系的元素。通过这 3 种元素来认识、描述、创造出千变万化的平面视觉形象。

1.2.1　概念元素

概念元素是进行平面造型前在意念中感觉到的点、线、面。也就是说，在平面造型设计前设计者用以描述设计意图的最基本的元素。

概念元素的特点：设计者主观意识中概念化的点、线、面组成的概念元素是抽象的，是不可见的。实际上是不存在的，但各自具有独立的意义，组合起来可以形成新的内容。它是作为造型之前的一种理解。

概念元素的种类包括点、线、面。

1．点

几何学上对"点"的解释，点是抽象的，非物质存在的，没有形状、大小和面积，是位置的提示。构成学上对"点"的解释，点是一个表示位置的相对概念，是没有长度和阔度的构成的基本要素。点存在于对比中，通过与其他形象比较来体现，其大小感觉受所处空间大小决定，如图1.19所示。

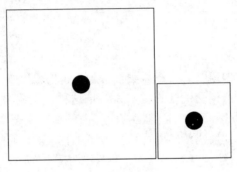

图1.19

1）点的形状

虽然在几何学上点没有形状只是表示位置，但作为构成要素的基本元素，也必须需要一定的形状来描述点。点一般被认为是小而圆的，作为构成形象的元素来说，点的形状是多种多样的，可以概括为自然形、几何形、偶然形3类，如图1.20所示。在平面构成中点的形状可以随心所欲。

图1.20

🔵 特 别 提 示 ┈┈┈┈┈┈┈┈┈┈┈┈┈┈┈┈┈┈┈┈┈┈┈

不同形状的点可以引起人们对自然事物或自身经历的联想，所以可以借助点的形状进行不同情感的表达。

2）点的特点及作用

点的存在具有一定的相对性，点对于线与面的区分没有具体的标准，只依赖于与其他造型因素相对比后产生的结果。点越小点的感觉越强烈，越大就越趋向于面，如图 1.21 所示。一枚树叶飘落在蚁群上时，它是一个巨大的面，而当它漂浮在河面上时，却成为河中的一点。

点的存在数量和形式不同会产生不同的概念。独立存在的点有收集视线的作用，由于它的刺激性而产生视觉的吸引力，也称为注意力，如图 1.22 所示。

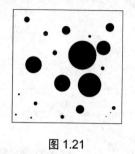

图 1.21

图 1.22

单点的位置性很重要，居中会有平静、集中感，可以占据全部视觉空间，如图 1.23 所示；偏上有下落感、不稳定感，形成视觉的流程，如图 1.24 所示；偏下画面会有比较安定的感觉，但也易被忽略，如图 1.25 所示；偏右上，会有视线欲飞出画面的感觉，如图 1.26 所示；偏右下会有落出画面的感觉，如图 1.27 所示。

两点同时存在时，由于两点间的张力能引导视觉移动，形成视觉流程，致使视线在两点间移动，如图 1.28 所示。面对具有相等力度的两点时，人们的视线就会在两点之间游移，无法驻足，出现线的感觉。两个点相连，就可以具有方向性。两点之间的距离越近，越利于视线的移动。距离过大，则难产生吸引力，如图 1.29 所示。

点存在的数量越多便会产生强烈的线与面的感觉，点的连续会产生线的感觉，如图 1.30 所示；点的综合会产生面的感觉，如图 1.31 所示；点的密集可以形成不同的新的形象，如图 1.32 所示；几点之间会有虚面的感觉，如图 1.33 所示。

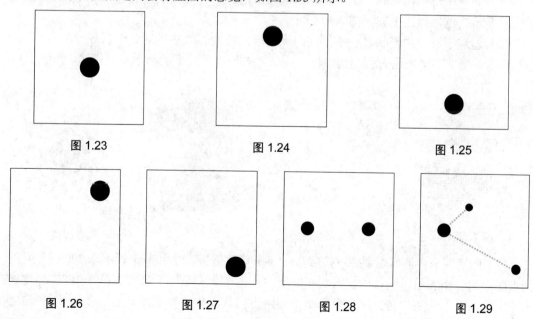

图 1.23

图 1.24

图 1.25

图 1.26

图 1.27

图 1.28

图 1.29

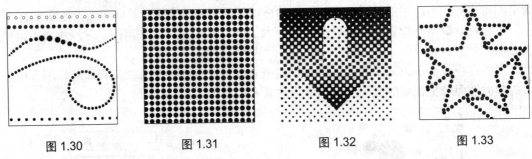

图 1.30   图 1.31   图 1.32   图 1.33

点的大小不同会产生深度感，如图 1.34 所示；点的大小、形状的不同表达的内容也有所不同，大点会表现出简洁、单纯、缺少层次，小点会表现出丰富、光泽感、琐碎、零落，如图 1.35 所示；方点则会表现出次序感，圆点会表现出运动感、柔顺、完美，图 1.36 所示；实点则真实、肯定，虚点则虚幻、轻飘，图 1.37 所示。

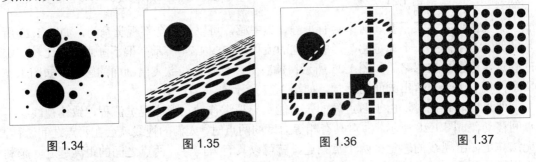

图 1.34   图 1.35   图 1.36   图 1.37

3）点的构成方式

点的构成方式就是以点作为元素，进行编排布置构成形象。点的构成方式多种多样，一般可以概括为等点图形、差点图形和网点图形。

（1）等点图形：由形状、大小相同的点组成的画面。等点图形在现代视觉传达设计中的应用非常广泛，如图 1.38、图 1.39 所示

（2）差点图形：由形状、大小不同的点组成的画面。大小不同、形状各异的差点相互排列组合，形成的画面具有强烈的个性，其最大的特点是富于运动感和时代感，如图 1.40、图 1.41 所示。

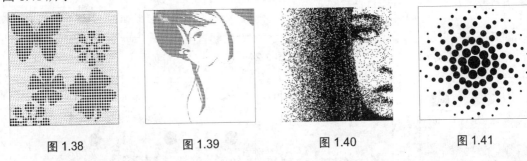

图 1.38   图 1.39   图 1.40   图 1.41

（3）网点图形：是不规则的点按照某一规律间歇重复、增加或减少而构成的一个画面。网点图形起源于胶版印刷技术，人们平时所看到的绝大多数报纸杂志都是采用胶版印刷技术印刷的，其中的图片和文字就是由细小的网点组合而成。网点图形的组合具有很强的秩序性且富有肌理感，在现代平面设计中广泛应用，如图 1.42、图 1.43 所示。

图 1.42

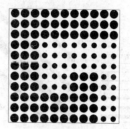

图 1.43

2. 线

线是点移动的轨迹。

1）线的特点

在几何学上，线只有长度和方向，无粗细之分。而在构成中线有粗细之分，粗细线所表达的概念也有所不同，如图 1.44 所示。在构成中，线还有曲直之分，其中直线包括：水平线、垂直线、折线、斜线、格线、水平线等，曲线包括：弧线、圆、抛物线、双曲线、旋涡线、心形线、肾形线、椭圆等，如图 1.45 所示。

图 1.44

图 1.45

2）线的作用

线在平面构成中起着重要的作用，不同的线具有不同的性格特征。线这个元素有很强的心理暗示作用。

（1）线可以定界面的形状，就是通常所说的轮廓线，如中国画技法中的白描等就是利用线来绘制图形的，如图 1.46、图 1.47 所示。

不同的线可以表现不同的概念，粗线有力，细线锐利。线的粗细还可以产生远近之感，如图 1.48 所示；垂直线有庄重、上升、正直、有秩序之感，如图 1.49 所示；水平线有静止、安宁、开阔、稳定之感，如图 1.50 所示；斜线有运动、速度、发射、不稳定之感，如图 1.51 所示；曲线有自由、流动、柔美、圆满之感，如图 1.53 所示。

图 1.46

图 1.47

图 1.48

图 1.49

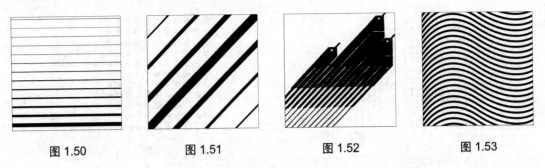

图 1.50　　　　　　图 1.51　　　　　　图 1.52　　　　　　图 1.53

（2）线元素与不同附加元素可以产生错视的效果。灵活地运用线的错视，可以使画面获得意想不到的效果，但有时则要进行必要的调整，以避免错视产生的不良效果。平行线在不同附加元素的影响下，显得不平行，如图 1.54～图 1.56 所示。直线在不同附加元素的影响下，呈弧线状，如图 1.57 所示。同等长度的两条直线，由于它们两端的形状不同，感觉长短也不同，如图 1.58 所示。同等长度的两条线，由于摆放的位置和方向不同感觉长短也有所不同，如图 1.59 所示。

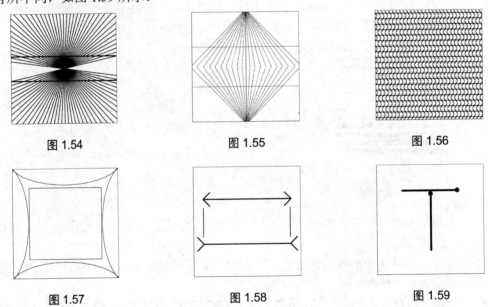

图 1.54　　　　　　　图 1.55　　　　　　　图 1.56

图 1.57　　　　　　　图 1.58　　　　　　　图 1.59

3）线的构成方式

线的构成方式一般可以归纳为等线图形、差线图形、屏线图形 3 种形式。

（1）等线图形：粗细相等的线排列组合而成的图形。排列线可直、可曲，也可以是放射线或倾斜线，也可以黑白变换；按照一定规律将线排列，线与线重复可以组合成更为复杂且具有意味的形象，可以组合成具有空间感的三维形象；等线图形也用来表现光影、立体的物体，如图 1.60～图 1.62 所示。

（2）差线图形：粗细不同、不规则的线排列、组合构成的图形。不同粗细与不同形状的线条组合在一起可以产生非常丰富的变化。

图 1.60

图 1.61

图 1.62

差线图形在现代设计中也被广泛应用，它不仅能表现物形的外轮廓和面的边缘，同时也可以表现物体的结构、运动、节奏、空间等方面，如图 1.63～图 1.65 所示。

图 1.63

图 1.64

图 1.65

（3）屏线图形：线从一端到另一端呈现持续变粗或变细的排列特征而构成的图形。

屏线图形的特点是线条排列体现出一种速度感、动感及节奏感。屏线图形在非常单纯化、简洁、明快的图形轮廓中，体现了黑、白、灰的明度变化及具有方向性的动感，特别是在现代标志设计及标志辅助图形中被广泛应用，如图 1.66～图 1.68 所示。

图 1.66

图 1.67

图 1.68

3. 面

面是点的集合或线的移动轨迹，是点线密集的最终转换形态。通常视觉上，任何点的扩大和聚集，线的宽度增加或围合都形成面，也可以由线在空间的划分产生面，线既是面的轮廓，也是面的边界。直线的平行移动形成矩形或菱形；将直线的其中一点固定后旋转 360° 就成为圆形；直线与曲线相结合运动则形成不规则的面，如图 1.69 所示。

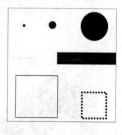

图 1.69

1）面的特点

面有长宽大小之分无厚度，受线的界定，没有厚度。面给人的最突出的感觉是由于面积而形成的视觉上的充实感。面往往在画面中所占的比重较大，因而面的大小、形状、位置就显得十分关键。面的形状对平面设计的整体效果可以说起了主导作用。

面有多种形状，主要可以概括为几何形、自然形、偶然形三大类。

（1）几何形的面是和形状关系最密切的形式，方形、三角形、圆形是 3 种最基本的几何形，不依靠任何自然形而独立存在，是可以用数学公式求得的，特别具有规律性。此外还有多边多角形，都是不依靠任何自然形而独立存在的。几何形具有简洁、单纯、醒目及易于重复和制作等特点，它能体现出数学的逻辑和组合后形成的机械感，如图 1.70、图 1.71 所示。

图 1.70

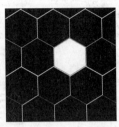
图 1.71

（2）自然形的面往往是自然中某一物象的概括反映，它比几何形更为直观，更具有情感因素，更能激发人们的联想。纯朴、富于生命力是自然形的最大特征，如图 1.72、图 1.73 所示。

（3）偶然形是一种靠主观精确控制的图形，它完全由一些非常规的工具和技法所绘制，如泼墨、扎染、拓印、烧烤等，如图 1.74、图 1.75 所示。

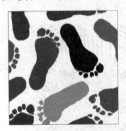
图 1.72

图 1.73

图 1.74

图 1.75

2）面的作用

由于受轮廓包围，所以面的作用常用点线来代替。面的重叠可以产生新的形状或强烈的空间效果，如图 1.76、图 1.77 所示。

面的变形可以产生一定空间感，但并非真正的空间，如图 1.78、图 1.79 所示。

图 1.76

图 1.77

图 1.78

图 1.79

可以对面元素进行巧妙编排，产生错视效果，如图 1.80 所示。如同样大小的圆，感觉上面大下面小、白的大些黑的小些，如图 1.81 所示。

图 1.80

图 1.81

3）面的构成方式

面的构成方式包括整体面的分割和多个面的组合。

（1）整体面的分割：将整体面分割后画面应存在两种状态，一是形的大小、局部与整体的变化；二是新形成的面给人的视觉心理感受。蒙德里安的构成艺术作品就是按照单纯的比例分割构成，即水平线和垂直线的多重分割，形成了形与形的对比之美，手法简练、形式单纯，是面的整体分割的很好范例。

（2）多个面的组合：在整体面分割的基础上，分割后的面并不以并置的状态出现，而是以搭置、透叠、复合、减缺等形式构成。

1.2.2 视觉元素

1. 视觉元素的概念

视觉元素就是将点、线、面等概念元素通过形状、大小、色彩、肌理等视觉语言，使其形象化成具体形象。概念元素不在实际的设计中加以体现，它将是没有意义的。概念元素必须通过可见的视觉形象才能表现在画面上，是因为它们具备了形状、大小、色彩、肌理，因此人们把这些将概念元素形象化的元素称为视觉元素。

比如"枯藤老树昏鸦，古道西风瘦马，小桥流水人家，夕阳西下，断肠人在天涯。"这首词给人们描述的只是一种场景，揭示了一种心情，表达了一种概念。对于做视觉艺术的人来说如果要表现这样的场景，就要选择一些形象的元素并且进行合理的安排才可以将文字、声音等转变成视觉形象。简单地说，"视觉元素"在平面构成上起到的就是翻译的作用，即将其他的艺术形式转变成视觉艺术，通过形象的表现让人理解。视觉元素的功能就是用它们来区分概念。

2. 视觉元素的种类

视觉元素主要包括形状、大小、色彩、肌理等，如图 1.82 所示。

1）形状

形状是指形象的内外轮廓的边缘状和特征，也就是概念元素点、线、面的外貌。形状是区别事物的首要元素，人们要描述一种事物首先要在形状上找出它与其他事物的区别，比如介绍一件时装首先要谈它的款式，是夹克、西装还是休闲装。

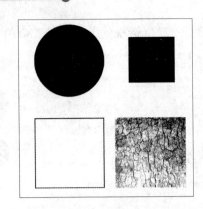

图 1.82

2）大小

大小是指形象之间的比较关系，是形象的变量。

任何事物只有比较才有大小之分，但没有绝对的大小。大小是人们运用视觉语言描述事物的又一个重要的指标。拿买衣服的例子来说，当选择了一种款式之后一定要考虑衣服的大小，是否合身。

3）色彩

色彩是指形象本身所具有的明暗及色相等属性，是人类视觉对光波的反射感受。

色彩是世间万物的本质特征，是人们生活中不可缺少的视觉感受，是造型艺术的基本要素。设计者若想用视觉语言来描述事物一定离不开色彩，设计上有"色彩先于形象"之说，可见色彩的重要性。

4）肌理

肌理是指形象内在实质的外在表现。

肌理又称质感，即形象表面所反映出来的平滑与粗糙、光亮与灰暗、软与硬等方面的感觉。肌理可以分为视觉肌理和触觉肌理，可以辅助色彩来描述事物。如上面买衣服的例子，选择了一种款式一种颜色后还要看看面料的质地。所以说肌理也是区分事物的一种很重要的视觉指标。

1.2.3 关系元素

1. 关系元素的概念

关系元素是在画面上对视觉元素进行组织、排列，完成视觉传达目的的元素。这些元素是形成一个画面的依据，主要包括方向、位置、空间、重心等，如图 1.83 所示。

（a） （b）

图 1.83

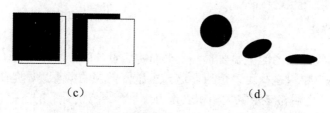

（c）　　　　　　　　　　（d）

图 1.83（续）

2. 关系元素的种类

1）方向

方向是指形象在空间内的方位及所处的运动趋势。

方向在平面构成设计中决定着形象与框架、形象与形象之间的关系。同时也能反映出形象的特点，对完成视觉传达的目的也起到一定的作用，如图 1.83（a）所示。

2）位置

位置是指形象在空间内或与其他形象之间所处的方位。

它主要起到在画面上安排形象的作用，对形象在画面上的变化起到组织作用，如图 1.83（b）所示。

3）空间

空间用来安排解决形象与框架之间或形象之间的大小比例关系，也可以产生正负的变化，如图 1.83（c）所示。

4）重心

在平面构成中重心属于一种心理作用，其产生的原因取决日常生活的经验和对地心引力作用的认识。

重心可以产生轻重、稳定、倾斜、沉浮等心里的感觉，如图 1.83（d）所示。

1.3　基本形与骨格

1.3.1　基本形

1. 基本形的概念

基本形是指用点、线、面 3 个基本元素构成的设计形态的基本单位形象。可以说基本形是通过视觉元素形象化的概念元素，或其组合。因此基本形有形状、大小、色彩、肌理等基本要素，这些要素的变化使基本形呈现不同的发展趋势，从而获得新的形态特征。这些特征是平面构成的基本变化要素，图 1.84、图 1.85 中的每一个小的单位就是一个基本型。

在平面设计中借基本形的个性表达设计意图，基本形可以是单个视觉形象也可以是多个视觉形象的组合，但基本形的设计应以简单为宜，复杂的基本形会产生互不关联之感，使设计涣散。

2. 基本形的作用

基本形是表达设计意图的主要要素，是平面构成设计的最基本单位。

例如若想表达"星星之火可以燎原"这一主题，常规的创意思维是先要找到一个能表现"星火"的形象，之后将该形象大面积表现就体现出了"燎原"的态势。那么这里的"星火"形象便是一个基本形，也就是表现设计意图的最基本要素，如图1.86所示。

基本形有助于设计的内在统一，在构成中占有举足轻重的地位。

图1.84

图1.85

图1.86

特 别 提 示

平面形象设计和其他设计没有区别，依然是寻觅规律以求平衡，打破规律以求变化。制造规律感就需要形象及编排上的统一，表现统一要从基本形象着手，找到共同点才可以实现统一效果的产生。

3. 基本形的分类

在平面构成中，基本形只是一个表达设计意图的基本形象单位，并非形象的最小组成单位，因此基本形是相对而言的单位形象。所以基本形可以无限分割，最基本的形象是点、线、面，最基础的基本形状是圆、方、角，可以把这些最基本的形象与形状称为基本形的形象元素。由此可以将基本形大致分成次基本形、基本形、超基本形3种形式。

图1.87

1）次基本形

次基本形是指构成基本形的更小的形象，如圆、方、角、点、线、面等基本元素都可作为基本的形象，这些更小的基本形态称为次基本形，图1.87中，组成形象的每一个点、线、面等元素都可以称为次基本型。

2）基本形

基本形是平面设计借以表达设计意图的基本形象单位，可以是一个相对较单纯的形象，也可以是几个单纯形象的组合，所以称之为基本单位形，图1.87就可以称为一个基本型。

3）超基本形

在一个基本形不能够完成设计意图的表现时，可以将更多的基本形组合在一起，以表达设计创意，这种大的基本形称为超基本形。

次基本形、基本形、超基本形三者的关系就是元素表现含量多少的关系。如浩瀚的宇宙中，一个单纯的形象只能表现一个星体，几个形象在一起才可以表现一个星系，几个星系在一起就可以表现一个天体系统。因此星体便是次基本形，星系是基本形，天体系统是超基本形，由天体构成了浩瀚的宇宙，如图1.88所示。

图 1.88

4. 塑造基本形的方法

基本形是由基本元素点、线、面和基本形态方、圆、角经过不同的组合方式而形成的，依据设计意图的需要将基本形的构成元素进行适当的编排，便可以塑造出千变万化的基本形来。塑造基本形的方法如下。

1）相加法

相加法塑造基本形是指由两个形象通过相交或相切等方法组合而成的。即一个形象与另一个形象加在一起而得到新的能够表现设计意图的形象。相加法可以无限制的加下去，直至达到能够表现设计意图为止，如图1.89、图1.90所示。

2）相减法

相减法是指塑造基本形时，由两个或两个以上的形象相减而生成新的形象。即一个形象被另一个或几个形象减缺之后而生成的形象。相减法构筑的基本形不能无限制的减下去，无限制减下去的结果是形象的消失，如图1.91、图1.92所示。

图 1.89   图 1.90   图 1.91   图 1.92

3）分割法

分割法构筑基本形是指通过一定的分割方法将一个基本形象分解成一个或多个新的形象，是最为常用的造型手法。常用分割的方法可以归纳为等形分割、等量分割、渐变分割、相似分割、自由分割等多种形式。

（1）等形分割：强调分割后的形象单位相等，即形状、面积完全相同。此种情况构筑的形象往往需要通过色彩变化使塑造的形象更严谨耐看，如图1.93所示。

（2）等量分割：强调分割后的形象在面积、形状上相同，但在位置排列上相互转化，使造型富于变化，让人得到均衡的安定感，如图1.94所示。

（3）渐变分割：分割线与分割线之间的距离按数列递增或递减，形成垂直、水平或斜向，或波纹和指定涡等形状来分割成新的形象，出现速度感和量感的变化，如图 1.95 所示。

（4）相似分割：分割后的形象在形状和面积较为近似，寻求规律中的轻微变化，所塑造的形象更加活泼、自然，形成趣味感，如图 1.96 所示。

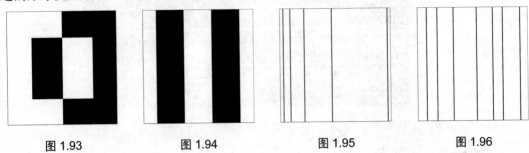

图 1.93   图 1.94   图 1.95   图 1.96

（5）自由分割：是不规则的、自由分割的方法，不拘泥于任何规则，排除数理的生硬与单调，避免等距离对称的规范性，造型要素均有方向、长度、大小等不同形状的变化，让人在自由状态中感受到精练、锐利的美感，如图 1.97 所示。

4）重叠法

基本形是由一个形象覆盖在另一个形象上产生的。完全重叠，小的形象可以被大的形象吃掉；错位重叠则可以将重叠部分合二为一，由两个形象没有重叠的部分形成一个新的形象。使用重叠法塑造形象时，若追求造型的变化可以使用正负形来区分，进而产生空间的前后关系、透明关系等，以获得强烈的视觉印象，如图 1.98、图 1.99 所示。

图 1.97   图 1.98   图 1.99

5）透叠法

两个形象相重叠后，保留不重叠的部分形成的新的形象，如图 1.100、图 1.101 所示。

6）差叠法

基本形是由两个形象相交叠后，保留相交的部分、清除其他部分，由此产生的新的形象，如图 1.102、图 1.103 所示。

5. 基本形的组合方法

在单纯的基本形不能很好的完成视觉传达的时候，可以采取组合基本形的办法完成意图的表达。或者说在塑造超基本形时也可以采取组合基本形的办法得以完成。组合基本形可以依照以下规律进行组合。

图 1.100　　　　　　　图 1.101　　　　　　　图 1.102　　　　　　　图 1.103

1）对称式

对称式组合基本形就是在轴线或中心点的上下或左右配置相同的基本形，如图 1.104 所示。

对称式组合基本形可以总结为 3 种形式。

（1）相对：基本形的方向相互对照，如图 1.105 所示。

（2）相背：基本形的方向相互背离，如图 1.106 所示。

（3）均衡：基本形在形状、色彩等方面不完全一致，但两个方向上的基本形在形状、色彩或大小需大体一致，如图 1.107 所示。

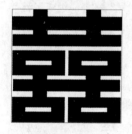   

图 1.104　　　　　　　图 1.105　　　　　　　图 1.106　　　　　　　图 1.107

2）平衡式

不受基本形数量的限制，而是将基本形的动势作为视觉的中心，以其重心的平衡感为准则的组合形式，如图 1.108、图 1.109 所示。

3）回旋式

回旋式组合是将两个以上的基本形建立头尾相接、环绕回旋的关系，也称作逆对称，如图 1.110、图 1.111 所示。

图 1.108　　　　　　　图 1.109　　　　　　　图 1.110　　　　　　　图 1.111

4）错位式

这种组合方式就是将两个以上的基本形沿着单线或多线轨迹有秩序地错开放置，如图 1.112 所示。

5）扩大式

这种组合方式就是将基本形进行放大或缩小后，再使用规律或非规律的方式进行组合，如图 1.113 所示。

6）放射

这种组合方式就是将多个基本形围绕一个共同的中心点进行向内或向外的排列，如图 1.114 所示。

7）平移

平移方式组合基本形就是将基本形沿单方向平行移动组合成新的形象，如图 1.115 所示。

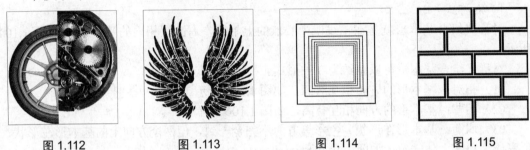

图 1.112   图 1.113   图 1.114   图 1.115

1.3.2 骨格

1. 骨格的概念

骨格是指形象结构骨架，是编排基本形的形式，管辖基本形的法则。骨格由骨格线组成，骨格线不是形态的外轮廓线，而是形态的结构线，骨格线可以是可见的也可以是不可见的。

2. 骨格的功能

由于骨格的存在使形象之间及形象与空间的关系更易于控制，骨格使平面构成塑造形象更易于进行。骨格在平面构成塑造视觉形象的过程中一般有两种用途。

（1）确定每一个单位基本形的具体位置，它能使单位基本形之间有一定的空间和距离，如图 1.116 所示。

（2）将画面的整体面积划分成大小相等或不等的空间单位，以便有效地控制形的排列组合带来的律动和方向，如图 1.117 所示。

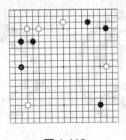

图 1.116

图 1.117

3. 骨格的种类

由于利用骨格的目的不同，可以将骨格分成不同的类型。

按骨格的复杂程度可以分为单一形式的骨格和复合形式的骨格，如图 1.118、图 1.119 所示；按骨格的结构的排列特点可以将骨格分为规律性骨格、非规律性骨格；按骨格的功能即骨格对基本形的控制程度可分为有作用性骨格和无作用性骨格。

1）规律性骨格

规律性骨格是指平面构成中含有严谨的、以数学逻辑为基础的骨格线构成的骨格形式。骨格线将空间分为相同的或有关联的空间单位，使形象的编排有了强烈的秩序感。规律性骨格往往具有分割明确和理性的逻辑美，如图 1.120 所示。

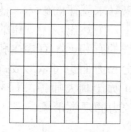

图 1.118

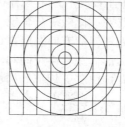

图 1.119

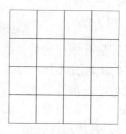

图 1.120

规律性骨格可以概括为重复骨格、渐变骨格、放射骨格 3 种组合方式。

（1）重复骨格：在规律性骨格中，将骨格的每一个单位的形状和面积作大小相等，有秩序的移动，所获得的骨格形式称为重复骨格，如图 1.121 所示。

重复骨格里基本形的排列是整齐的，并且每一个基本形占据的空间完全相等，具有严谨的数学般的逻辑性。最能反映重复骨格的特征又比较常用的是正方形、长方形、三角形、菱形、平行四边形、圆形等。在实际的运用中应注意的是，重复骨格单位的形状、大小相等，并且填充在骨格范围内的形体与骨格形状相协调。由于重复骨格具备严谨的逻辑性所以塑造出来的形象往往会归于安静和单调，因此在实际应用中也应注意骨格的变化，已获得更为开朗活泼的造型。

（2）渐变骨格：骨格线严格地依照"等差数列"或"等比数列"标准，有规律地作宽窄和不同方向的变化而获得渐变效果的骨格构成形式，如图 1.122 所示。

在渐变骨格的构成方式里，骨格单位的形状或大小是逐渐的、有规律的循序变化。在平面设计中应用渐变骨格时还应该充分考虑各种不同形式的骨格构成特点，这样才能根据骨格的变化做出相应的形象变化。

（3）放射骨格：重复的规律性骨格中，骨格线有明显的向心或离心性方向的骨格构成形式，如图 1.123 所示。放射骨格分为向心性放射骨格、离心性放射骨格和同心式发射骨格 3 种形式，在以后的课程中将详细讲述。

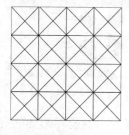

图 1.121

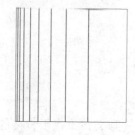

图 1.122

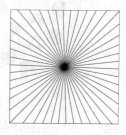

图 1.123

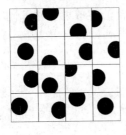

图 1.124

2）非规律性骨格

非规律性骨格主要用于塑造更为自由的形态，该骨格形式强调的不是规律，而是存在的态势，如运动的趋势、方位走向，频率变化等，如图 1.124 所示。

非规律性骨格是一种较自由的构成骨格，其中有些是由规律性骨格演变而成，有些则具有极大的随意性，这些规律性不强或无规律可循的骨格构成形式称为非规律性骨格。

平面设计中主要是利用非规律性骨格，来寻求规律的破坏、秩序的轻度对比的效果。骨格线在有规律的排列下，突然出现无规律的状态或者是有规律的骨格线渐渐地向无规律的方向发展。这种骨格线的有和无、有规律和无规律的出现并不按严的意义构成，形体在骨格空间和黑、白的分布方面也可以形成跳跃和流动，使形体出现时有时无、似有规律又无规律的构成效果。正如国画大师齐白石先生所追寻的"似像非像"的写意绘画状态，塑造更为自由，更具想象力的视觉形象。

3）有作用性骨格

作用性骨格是指那些给予形体以固定的存在空间，并且能够使形体的出现完全受其骨格线控制的骨格构成形式。也就是说，基本形只能存在骨格空间单位中，若有超出将被骨格线剪掉，如图 1.125 所示。

在作用性骨格里，骨格对形的控制意义是明确的，但排列在每个基本骨格单位内的形象，并不一定必须按同样的方向、数目、形状组成。在方向方面，它可以随意变换形体的角度。在数目方面，它可以随设计的需求增加或减少形的排列数量。在形状方面，它可以在骨格单位内安置众多不相同的形象。

特 别 提 示

值得注意的是，不管骨格单位内的形象如何变化其存在方式，都不能过多地侵蚀骨格线，一旦骨格线的特征被过度地减弱，那么作用性骨格的性质和特点也就消失了。

4）无作用性骨格

无作用性骨格是指那些只给予基本形以准确的位置，使形体的编排仅局限在骨格线的交叉点上，并不严格决定形体的大小、占有空间，也不决定形体的方向，对形象或背景也不产生什么制约性影响的骨格构成形式，如图 1.126 所示。

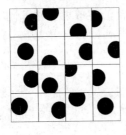

图 1.125

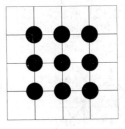

图 1.126

从无作用性骨格的本质来看，其意义并不在于骨格的自身形态是否具有对形体的规划作用，而是通过潜在的骨格形态，引导骨格位置上的形体，在看似可以自由变化的情况下，存在着内在的有序排列。

　　平面构成的形式即平面构成的形象塑造技巧，是平面构成的核心内容，是学习平面设计的最为重要的部分。平面造型的基本形式是创造平面视觉形象的基本手段，从事平面形象设计的人员只有很好地掌握各种平面造型形式，才可以科学合理地对造型元素进行编排组合，塑造形象，表达设计意图。

　　平面构成的形式有很多种，以主要的形式特征进行分类，可分为重复构成、近似构成、渐变构成、发射构成、特异构成、对比构成、形象变异、视幻构成、肌理构成、分割构成等多种形式。每种形式都有各自的特点和作用，在平面造型中发挥着重要的作用。

1.4　重复构成

1.4.1　重复构成的概念

　　重复构成是指在平面设计中不断使用一种基本形的手法，即在同一个平面形象中，相同的基本形反复出现的现象。重复的现象在自然界中经常见到，楼房的窗子、地上的砌砖、画布上的图案等，重复是平面构成设计中最基本最常见的一种构成手法，如图 1.127～图 1.129 所示。

　　图 1.127　　　　　　　　　　图 1.128　　　　　　　　　　图 1.129

1.4.2　重复构成的特点及作用

　　使用一种技法或者学习一门技术，最先需要了解的就是它的特点及产生的作用，在明确特性和作用的基础上才可以很好地去应用，创造出科学合理的成果。总结来说，重复构成形式主要有以下几个特点。

　　（1）使用重复构成形式塑造出来的视觉形象可以产生强烈的印象，整体感强烈，可以增强画面的视觉冲击力。

　　（2）重复构成形式可以制造出有规律的节奏感，产生统一和谐的感觉。

　　（3）使用重复手法设计出来的形象具有细腻、平和、安静、规整等感情特征。

　　（4）过多的重复会产生单调、乏味、慵懒、寂寞等感觉。

1.4.3　实现重复的方法

　　重复构成主要靠基本形实现。创造一个规整的重复形象，首先应该由创造一个能够表现设计意图的基本形开始。再作好重复骨格的编排，把平面空间通过骨格线编排成若干形状大小相等的骨格单位，最后纳入基本形。

　　为了避免由于重复过多而产生单调感，可以在方向、位置、正负关系上让基本形发生一定的变化，但应控制变化的幅度和比例。

1. 重复构成的基本形

重复构成的基本形就是在设计中连续不断地使用同一形象单位，如图 1.130 所示。

在设计目的的驱使下，重复的基本形可以是一个元素构成次基本形，也可以是几个元素构成的基本形，还可以是几个基本形组成的超基本形。重复基本形有以下两种。

（1）单体重复基本形：一个形体反复排列，如图 1.131 所示。

（2）单元重复基本形：以两个或两个以上的形体为一组反复排列，如图 1.132 所示。

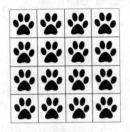　　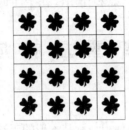　　

图 1.130　　　　　　　　图 1.131　　　　　　　　图 1.132

原则上重复基本形在运用时应保持形状、大小、色彩、肌理等方面的一致，以保证设计的形象产生和谐统一的效果。在设计时要求在重复造成的统一中寻求变化，为此，在排列时要注意重复基本形的方向与空间变化，重复基本形的方向变化主要有重复方向、不定方向、交错方向、渐变方向、近似方向等变化形式，如图 1.133 所示。大的重复基本形，可以产生整体构成的力度，如图 1.134 所示；细小密集的重复基本形，会产生形态肌理的效果，如图 1.135 所示。

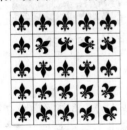　　　　

图 1.133　　　　　　　　图 1.134　　　　　　　　图 1.135

2. 重复构成的骨格

重复的骨格是指每个空间单位完全相同的骨格。重复骨格属于规律性骨格，其目的就是规律性地编排基本形。

简单的等分方格组织是最具普遍意义的重复骨格，设计时用等距离之水平线与垂直线划分为若干形状、大小相同的方格，从而使每一基本形无论上、下、左、右都有等量的空间，如图 1.136 所示。为了让重复设计活跃一些，可以在最基本的正方形的骨格的基础上做一定的变化，以取得更加完美的效果。重复骨格的变化主要有以下 7 种。

宽窄的变化，如图 1.137、图 1.138 所示；方向的变化，如图 1.139 所示；行列的移动，如图 1.140、图 1.141 所示；骨格单位的反射，如图 1.142、图 1.143 所示；骨格线的弯折，如图 1.144～图 1.146 所示；骨格单位的联合，如图 1.147、图 1.148 所示；骨格单位的分离，如图 1.149、图 1.150 所示。

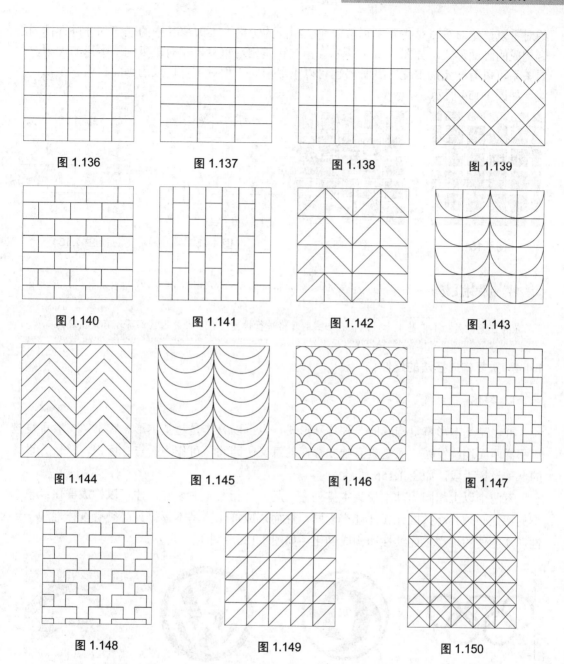

图 1.136　　　　　　图 1.137　　　　　　图 1.138　　　　　　图 1.139

图 1.140　　　　　　图 1.141　　　　　　图 1.142　　　　　　图 1.143

图 1.144　　　　　　图 1.145　　　　　　图 1.146　　　　　　图 1.147

图 1.148　　　　　　　　图 1.149　　　　　　　　图 1.150

3. 重复构成的基本形与骨格的关系

在骨格对基本形的管理程度上，二者主要有如下两种关系。一种是按无作用性骨格处理，其目的就是确定基本形在骨格空间单位的位置。基本形应固定在重复骨格的十字交叉点上，促使基本形排列整齐有序，如图 1.151 所示。另一种是按有作用性骨格处理，重复基本形可纳入重复骨格的每个骨格单位内，并在骨格单位内有方向或位置的变动，如图 1.152 所示。

在基本形和骨格的配合程度上，二者可以对重复的形象产生以下两种影响。第一种是绝对重复，绝对重复是指基本形按照完全相同的骨格，不改变其中的任何部分进行排列组合构成的画面形式，如图 1.153 所示。第二种是相对重复，相对重复的基本形的大小、位置关系可以有一定的变化，其骨格也可以不尽形同。相对重复构成的画面自由、生动、活泼，如图 1.154 所示。

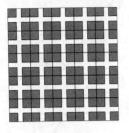

图 1.151

图 1.152

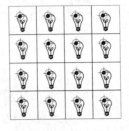

图 1.153

图 1.154

特 别 提 示

值得注意的是，不论基本形按照什么形式的骨格进行排列，它自身的因素都不能有太显著的变化。

1.4.4 重复构成技法的延伸

1. 群化

群化是基本形重复构成的一种特殊形式，也可以看作是超基本形。它不像一般重复构成那样四面连续发展，而是具有独立存在的意义。因此，可作为标志、标识、符号等设计的一种设计手段，如图 1.155 所示。

有两个以上相同的基本形集中排列在一起并互相发生关系时，才可以构成群化；基本形的特征必须具有共同元素才能产生同一性而形成群化；基本形排列必须有规律性和一致性，才能使图形产生连续性和构成群化，如图 1.156～图 1.58 所示。

图 1.155

图 1.156

图 1.157

图 1.158

1）群化的情感特征

群化形式本身就给人一种力量、团结、友好、亲善的感觉，不同的形象也会给人以不同的心理感受，色彩沉稳、棱角分明的群化形象可以产生细致、严谨的感受，变化丰富、弯曲柔和的群化形象可以产生亲切、友爱的感觉。具有强烈个性的群化形象能给人以大的震撼和触动，并留下深刻印象，如图 1.159～图 1.161 所示。

图 1.159

图 1.160

图 1.161

2）群化的构成形式

可以采用基本形对称、平衡、平移、反映、旋转、扩大、错位、回旋等方法进行集群。归纳起来有基本形的对称或旋转放射式排列；基本形的平行对称排列；多方向的自由排列 3 种形式。

3）群化形式的基本要求

基本形相同或近似；基本形具有方向的共性；群化后的形象比较容易形成习惯形；群化后的形象应完美、平稳。

2．连续

连续是重复的一种特殊形式，连续是没有开始、没有终结、没有边缘的一种严格的秩序形式。即以一个单位重复排列形成的无限循环、连续不断的形象，如图 1.162、图 1.163 所示。

图 1.162

图 1.163

按照连接的规律可以将连续分为二方连续和四方连续两种形式。

1）二方连续

二方连续是基本形向上下或左右作重复性的规律排列，形成两个方向上的连续性。所产生条状的图案，是循直线的方向，或曲折式的方向，或波浪式方向延伸。这种方向的变化是要遵循一定规律的，在任何狭长的、不规则的线形内均可应用二方连续。二方连续的图像是以一个或几个单位纹样在两条平行线之间的带状形平面上，形成有规律的排列并以向上下或左右两个方向无限连续循环所构成的带状形象，如图 1.164 所示。

（1）二方连续的骨格形式。二方连续的骨格形式主要有散点式、波纹式、折线式、几何连缀式、综合式等，如图 1.165 所示。

图 1.164

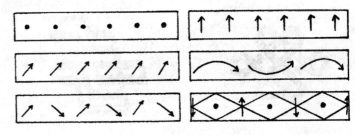

图 1.165

① 散点式二方连续是指单位形象一般是完整而独立的单独形象。以散点的形式分布开来，之间没有明显的连接物或连接线，简洁明快，但易显呆板生硬。可以用两三个大小、繁简有别的单独形象组成单位形象，产生一定的节奏感和韵律感，装饰效果会更生动。

② 波纹式二方连续是指单位形象之间以波浪状曲线起伏作连接。

③ 折线式二方连续是指具有明显的向前推进的运动效果，连绵不断、单位形象之间以折线状转折作连接，直线形成的各种折线边角明显，刚劲有力，跳动活泼。

④ 几何连缀式二方连续是指单位形象之间以圆形、菱形、多边形等几何形相交接的形式作连接，分割后产生强烈的面的效果。设计时要注意正形、负形面积的大小和色彩的搭配。

⑤ 综合式二方连续则是以上方式相互配用，巧妙结合，取长补短，可产生风格多样、变化丰富的二方连续纹样。

（2）二方连续的设计要点。组织结构要有节奏感、韵律感；不同题材要选用恰当的骨式；注意各种骨式的综合运用；注意单位形象相结合时的关系。

（3）二方连续形象的绘制步骤。画两根平行线，并适当定出长度，根据长度划分若干等分单位；根据用途、内容、表现形式确定纹样的骨式；在草稿纸上精心设计绘制出一个单位形象；将设计好的单位形象复拓到每一个单位上完成铅笔稿；着色完成作业。

2）四方连续

四方连续是基本形可同时向上下左右作重复性的规律排列，形成四个方向上的连续性。所产生面状的连续效果同所有重复式相一致，并可以超出重复骨格的限制。四方连续图案是指一个单位纹样向上下左右 4 个方向反复连续循环排列所产生的形象。这种纹样节奏均匀，韵律统一，整体感强。四方连续纹样广泛应用在纺织面料、室内装饰材料、包装纸等上面，如图 1.166～图 1.168 所示。

图 1.166

图 1.167

图 1.168

特 别 提 示

设计时要注意单位纹样之间连接后不能出现太大的空隙，以免影响大面积连续延伸的装饰效果。

四方连续的骨格形式主要有以下 3 种。

（1）散点式四方连续，这是一种在单位空间内均衡地放置一个或多个主要形象的四方连续形象。这种形式的形象一般主题比较突出，形象鲜明，形象分布可以较均匀齐整、有规则，也可以自由、不规则。但要注意的是，单位空间内同形形象的方向可作适当变化，以免过于单调呆板，如图 1.169 所示。

知 识 链 接

规则的散点排列有平排和斜排两种连接方法。

（1）平排法单位形象中的主形象沿水平方向或垂直方向反复出现。设计时可以根据单位中所含散点数量等分单位各边，分格后依据一行一列一散点的原则填入各散点即可，还可以用四切排列或对角线斜开刀的方法剪切单位形象后，各部分互换位置并在连续位处添加补充形象，重复两次后再复位，即可得到一个完整的平排式四方连续单位形象。

（2）斜排法单位形象中的主形象沿斜线方向反复出现，又称阶梯错接法或移位排列法，是纵向不移位而横向移位，也可以是横向不移位而纵向移位。由于倾斜角度不同，有 1/2、1/3、2/5 等错位斜接方式。具体制作时可以预先设计好错位骨架再填入单位形象，也可以用错位开刀去一边设计错位线，一边添加、完善单位纹样。

（2）连缀式四方连续，连缀式四方连续是可见或不可见的线条、块面连接在一起，产生很强烈的连绵不断、穿插排列的连续效果的四方连续形象。常见的有波线连缀、几何连缀、菱形连缀、阶梯连缀、接圆连缀等。波线连缀以波浪状的曲线为基础构造的连续性骨架，使纹样显得流畅柔和、典雅圆润；几何连缀以几何形（方形，圆形，梯形、菱形、三角形，多边形）为基础构成的连续性骨架，若单独作装饰，显得简明有力、齐整端庄，再配以对比强烈的鲜明色彩，则更具现代感。若在骨架基础上添加一些适合纹样会丰富装饰效果，细腻含蓄、耐人寻味，如图 1.170 所示。

（3）重叠式四方连续，重叠式四方连续是两种不同的纹样重叠应用在单位形象中的一种形式。一般把这两纹样分别称为"浮纹"和"地纹"。应用时要注意以表现浮纹为主，地纹尽量简洁以免层次不明、杂乱无章，如图 1.171 所示。

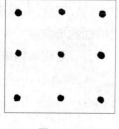

图 1.169

图 1.170

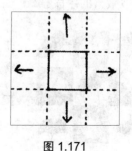

图 1.171

1.5 近 似 构 成

1.5.1 近似构成的概念

近似构成是重复构成的轻度变化。

近似虽然没有重复构成那样严格的规律，却不失规律感。其实，近似构成的实质就是寻求相同状态下的微妙差异与变化，依靠这些轻度的变异打破相同状态下产生的严谨的规律感，制造一种较为有变化趋势的规律感。现实生活中近似的例子很多，如：人们留在路上的脚印、打开房门的钥匙、秋日森林里飘落的树叶、溪边的鹅卵石、挂在枝头的苹果、盛酒的坛子等等，如图 1.172～图 1.174 所示。

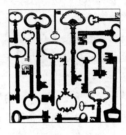

图 1.172   图 1.173   图 1.174

1.5.2 近似构成的特点与作用

（1）近似构成强调的是求大同、存小异，以取得既统一又富于变化的视觉效果。

（2）使用近似构成创造的形象整体有统一感，细部有轻度变化，所以可产生活跃、自然的美感。

（3）近似构成手法是在重复构成手法的基础上产生的，可以很大程度上避免由于严格的相同而造成的呆板、死气，可以增加形象的趣味性。

1.5.3 实现近似的方法

近似构成的手法首先是形的近似，然后是大小、色彩、排列、肌理等方面的近似。自然世界中同类形态具有细节的变化、角度的差异、组合的不同，这些不同的差异都是创造近似效果的手段。

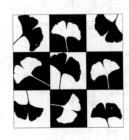

图 1.175

在运用近似构成手法时，需把握好形与形的近似程度。取得近似，就是追求"求同存异"、"大同小异"，创造出的视觉形象远看如出一辙，近看又千变万化。近似构成是介于重复、特异、对比等构成手法之间的一种构成手法，如图 1.175 所示。

1. 近似构成的基本形

近似的变化主要来自基本形轻度变化，重复基本形的轻度变异即是近似基本形。在设计中基本形的近似特指形状、大小等方面的近似，或者自然界中有关联的物象也可以用作近似的基本形。在进行近似形象创造时，可以按照设计意图弹性地掌握近似的程度，如果近似的程度要求严格，各基本形则趋于酷似，甚至接近重复；如果要求随意，则各基本形趋于互异，而彼此又有相同成分的关联。

在重复构成基本形的基础上进行变化获得近似的基本形，变化的方法有以下几种。

1）相加或相减法

一个基本形的产生由两个或两个以上的形状彼此相加或相减而成，由于加减的方向、位置、大小的不同，便可得到一系列近似形，如图 1.176 所示。

2）伸张或压缩法

在处理形状时，可以模仿用外力的拉伸或挤压弹性制品的办法，通过外力作用使形状向外延伸或向里凹陷，产生一系列不同程度的变形，变形后的基本形互为近似形，如图 1.177 所示。

3）空间变形法

在使用一个标准基本形的基础上，通过旋转、弯曲等手法，可以产生众多近似的基本形，如图 1.178 所示。

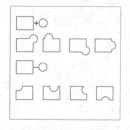

图 1.176

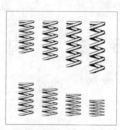

图 1.177

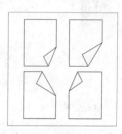

图 1.178

4）关联法

在近似构成中，可以将生活中特点、功能等诸多方面有相似之处的物象编辑整理成近似的基本形使用，如图 1.179～图 1.181 所示。

图 1.179

图 1.180

图 1.181

5）择取法

对于一个完整的基本形可以采取任意地择取其中一部分得到近似的基本形，如图 1.182、图 1.183 所示。

2. 近似构成的骨格

近似构成的骨格多为重复构成使用的规律性骨格，也常利用无作用性骨格对基本形进行定位。当然，也可以通过半规律性骨格制造近似的效果，但要控制骨格单位的差异程度。

近似构成骨格的骨格线往往是不可见的，但需要强调规律感时也可以表现出来。

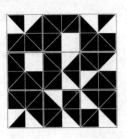

图 1.182

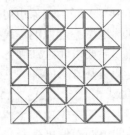

图 1.183

3. 基本形与骨格的关系

近似构成的骨格单位是控制基本形存在空间的要素，也是确定基本形位置的要素。在近似构成中可以利用作用性骨格对基本形产生切割，以获得近似效果。

基本形与近似骨格的关系大致可以分为两种：一种是将近似基本形放入重复骨格中；另一种是将重复基本形纳入到近似骨格中。

1.6 渐 变 构 成

1.6.1 渐变构成的概念

渐变构成也称渐移构成，是以类似的基本形或骨格逐渐地、有规律地循序变动，以产生具有节奏感和韵律感的视觉形象的构成手法，如图 1.184 所示。渐变是一种记录发展规律的塑造形象的手法，是将一定的形态按一定的条件组织起来的造型过程。如野外的小树苗逐渐长成参天大树又逐渐的衰老，池塘里的鱼卵慢慢的长成大鱼，北方的树木春天发芽秋天落叶，人类从幼年、青年、壮年到老年等逐渐变化的现象。

图 1.184

1.6.2 渐变构成的特点及作用

（1）渐变是一种变化运动的规律，它是对应的形象经过逐渐的规律性过渡而相互转换的过程。它的关键特征在于变化，所以通过渐变手法塑造的形象更富于动感，有很强的节奏感和韵律感，更为自然，如图 1.185 所示。

（2）由于渐变构成的变化具有很强的规律性，利于形成视觉焦点，易于表达细腻的情感变化，如图 1.186 所示。

（3）渐变能够形成空间感，如图 1.187 所示。

（4）渐变构成手法可以引人入胜，诱导人的思维逐渐的融入设计意图中，如图 1.188 所示。

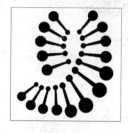
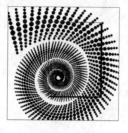
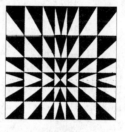

图 1.185　　　　　　图 1.186　　　　　　图 1.187　　　　　图 1.188

1.6.3　实现渐变的方法

渐变构成中的骨格和基本形是决定画面最终效果的关键，基本形的变化是渐变构成的形式，骨格的变化是渐变的秩序。

按照设计意图确定表现设计概念的基本形后，主要的任务就是寻找渐变的规律。渐变是一种有秩序的构成方式，每一个变化环节的节奏感和韵律感决定着它的特征，针对中间环节的层次和数量进行规划，渐变节奏的快慢、强弱可依照渐变构成所传达的概念来制定。当然渐变的结果并非是固定的，可以向不同方向发展，因此可以对渐变的终端形象作相应的调整和处理，使画面整体风格和谐统一，不至于产生生硬的感觉。

1. 渐变构成的基本形

渐变构成的基本形是将一个初始形状作为基本形基础，在此基础上按照设定的规律对其进行逐渐的变化，进而形成一系列基本形。渐变基本形的变化形式主要有以下几种。

1）形状渐变

形状渐变是指由一个形象逐渐变化成为另一个形象。

任何截然不同的形，都可以通过一个过渡阶段，从一个形逐渐、自然地渐变成另一个形。关键是中间过渡阶段要消除个性，取其共性。可以采用对一个形的压缩、消减、位移或两形共用一个边缘等途径来实现从一个形到另一个形的转化，如图 1.189 所示。形状渐变有具象形渐变和抽象形渐变两种形式。在进行形状渐变时，应注意选取有趣味或有一定意义的形状。

2）大小渐变

依据近大远小的透视原理，将基本形作大小序列的变化，给人以空间移动的深远感，如图 1.190 所示。

3）方向渐变

将基本形作方向、角度的序列变化，使画面产生起伏变化，增强立体感和空间中的旋转感，如图 1.191 所示。

图 1.189

图 1.190

图 1.191

4）位置渐变

将基本形在画面中或骨格单位内的位置作有序的变化可以上下、左右或对角线移动，使画面产生起伏波动的视觉效果，如图 1.192 所示。

5）色彩渐变

它主要指基本形的色彩的纯度与明度渐次变化，如图 1.193 所示。

6）虚实渐变

用黑白正负变换的手法，将一个形的虚形渐变为另一个形的实形，如图 1.194 所示。这种渐变方式巧妙地利用共用边缘线，完成空间与图形的转换，中间过渡地带有似是而非的特点。在设计过程中，应注意控制渐变的速度，太快易引起视觉跳动。应该以一种自然的、不知不觉的转换，构成虚虚实实、变化莫测的视觉空间。现代派画家埃舍尔的许多作品都是以这一原理表现的。

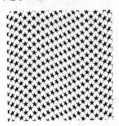

图 1.192

图 1.193

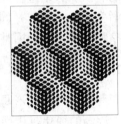

图 1.194

2. 渐变构成的骨格

渐变构成的骨格是将骨格线进行不同方式移动形成逐渐变化的骨格单位。

它是指骨格线以等差数列或等比数列为标准，作宽窄和方向不同的渐次改变而获得渐变效果的骨格构成形式。骨格单位的形状或大小不是严格意义上的重复，而是逐渐的、有规律的循序变化。渐变骨格所用的基本形具有重复、近似、渐变等多种可能性。在设计中应用渐变骨格时还应该充分考虑各种不同形式的骨格构成特点，这样才能够根据骨格的变化作出相应的形象变化。骨格的渐变形式主要以下几种方式。

1）单元渐变

单元渐变也称为一次元渐变，即仅用骨格的水平线或垂直线作单向序列渐变，如图 1.195、图 1.196 所示。单元渐变又可以分成等比渐变、等差渐变、费勃那齐数列渐变等。

（1）等比渐变是指所得的乘方，依次排列起来形成的数列，即 2、4、8、16……或 3、9、27、81……

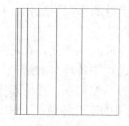

图 1.195

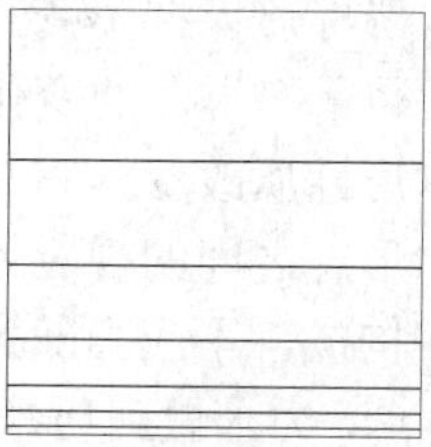

图 1.196

（2）等差渐变也叫算术级数数列，即数列之差，称为公差相等。如 1、2、3、4、5……

（3）费勃那齐数列渐变是指数列相邻两项数值的和为第三项数值，即从 1 开始，第二项为 1，第三项为 1+1=2，第四项为 1+2=3，第四项为 2+3=5，第五项为 3+5=8……

2）双元渐变

双元渐变也叫二次元渐变，即两组骨格线同时变化，如图 1.197～图 1.200 所示。

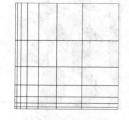

图 1.197

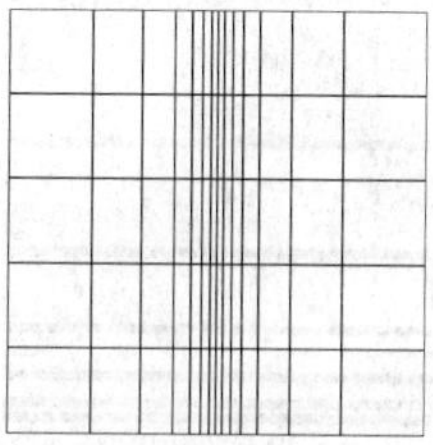

图 1.198

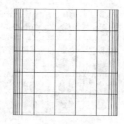

图 1.199

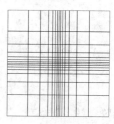

图 1.200

3）等级渐变

它是指将骨格作竖向或横向的整齐错位移动，产生梯形变化，如图 1.201 所示。

4）折线渐变

它是指将竖的或横的骨格线弯曲或弯折，如图 1.202 所示。

5）阴阳渐变

它使骨格宽度扩大成面的感觉，使骨格与空间进行相反的宽度变化，即可形成阴阳、虚实的转换，如图 1.203 所示。

6）联合渐变

它是指将骨格渐变的几种形式互相合并使用，成为较复杂的骨格单位。

图 1.201

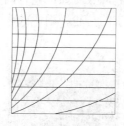

图 1.202

图 1.203

3. 基本形与骨格的关系

1）绝对重复骨格中的基本形渐变

绝对重复骨格中的基本形渐变是指在平面构成的画面中，骨格采用绝对重复骨格，而基本形发生变化。其骨格中的基本形渐变一般可以分为两种方式。

（1）基本形性质保持不变，它是指在渐变过程中基本形性质不发生变化，只做大小、方向、位置、数量等方面的变化，如图 1.204 所示。

（2）基本形性质改变，它是指在渐变过程中基本形的性质发生变化，在这种变化中应该注意渐变的形态之间的视觉效果和心理感受，以及渐变过程中各环节的造型处理。基本形改变的渐变构成，不应当随意将一个形态生硬地变化到另一个形态，而应该考虑它们之间的内涵和意念，力求做到巧妙的创意与和谐完美的画面效果的综合体现，如图 1.205 所示。

2）在渐变骨格中的基本形渐变

在渐变骨格中的基本形渐变一般可以分为两种方式。

（1）基本形不发生变化，如图 1.206 所示。

（2）基本形与骨格均发生变化，这是一种较为复杂的渐变方式，画面没有严格的骨格限定，并且处在终端的基本形也有形状、性质的改变。由于具有灵活、动感的特点，它相对于绝对重复骨格而言，更具有活力与自由，如图 1.207 所示。

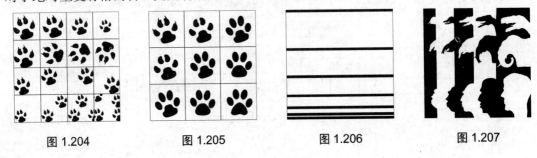

图 1.204   图 1.205   图 1.206   图 1.207

1.7　发射构成

1.7.1　发射构成的概念

发射构成是一种特殊的重复构成，其重复的形式是基本型或骨格单位围绕一个或多个中心向四周做重复排列，而形成向内或向外的图形。

发射在自然界中是一种很常见的现象，如：光芒四射、水花飞溅、层层的涟漪、一圈一圈的蜘蛛网、盛开的花朵、自行车的车轮、雨中的伞、贝壳的纹路，等等，都是发射状的图形，如图 1.208～图 1.120 所示。

图 1.208   图 1.209   图 1.210

1.7.2　发射构成的特点及作用

由于发射的基本型、骨格单位具有重复排列的性质，又由于其重复排列是围绕中心进行，因此可以将发射看做是一种特殊的重复。但发射构成又不同于重复或渐变构成，具有其独特的个性与作用，如图 1.211 所示。

图 1.211

（1）使用发射构成手法塑造的图像具有多方的对称性。

（2）发射状的形象具有非常强烈的焦点，此焦点易形成视觉中心。

（3）发射构成形式可以制造出强烈的视觉效果，所形成的形象具有深邃的空间感，向中心集中或由中心向四周扩散的图形节奏感强、富于变化，有炫目、光芒感的视觉效果。

1.7.3　实现发射的方法

1. 发射构成的骨格

1）发射骨格的结构

发射的骨格不同于一般的骨格，有其特殊性，由发射点和发射线两部分组成。发射点，即发射的中心。其可以是单元的也可以是多元的，发射中心可大可小，可静可动，不受限制。发射线，即由发射点向外或向内编排的骨格线。它可直可曲，排列方式可以有多种变化，形成多种形式的发射骨格，如图 1.212～图 1.124 所示。

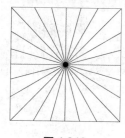

图 1.212

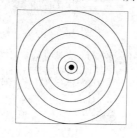

图 1.213

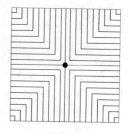

图 1.214

2）发射骨格的种类

从发射骨格的编排形式上可以将发射骨格分为 3 类，即离心式、同心式、向心式。在实际设计中，常穿插叠合，兼而用之。

（1）离心式发射骨格是指骨格线由中心出发向四周做不同方向的排列，如图 1.215 所示。在实际运用过程中，为丰富效果可以对于离心式发射骨格进行相应的变化。最为基本的离心式发射骨格叫基本离心式骨格，以直线作为骨格线由发射中心点向外发射，线与线的夹角相等，如图 1.215 所示；在基本离心式骨格的基础上可以对骨格线进行弯折处理，如图 1.215～图 1.217 所示；在设计中还可以使基本离心式骨格的发射点进行变化，如中心偏置或洞开，即将发射点进行规律性或非规律行移动，形成发射中心偏置或在发射中心处形成一个大圆或多边形空洞效果，如图 1.218～图 1.220 所示；还可以进行多中心点发射，就是在同一画面中出现两个或两个以上的发射中心的构成方式，如图 1.221～图 1.223 所示。多中心点的发射有形体丰富、视点分散、画面空间复杂等特性。

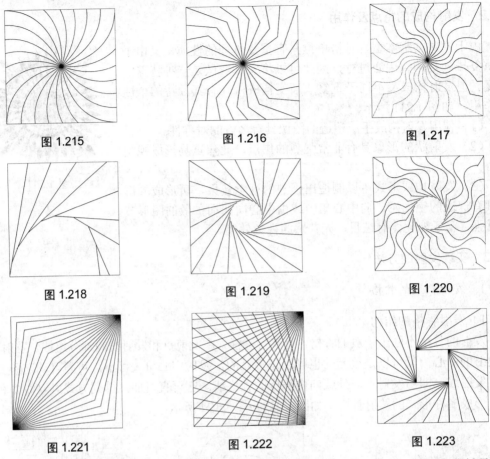

图 1.215　　　　　　　图 1.216　　　　　　　图 1.217

图 1.218　　　　　　　图 1.219　　　　　　　图 1.220

图 1.221　　　　　　　图 1.222　　　　　　　图 1.223

（2）同心式发射骨格就是骨格线逐层环绕中心，如图 1.213 所示。同心式发射骨格也可以有类似离心式发射骨格的变化，如骨线的弯折，如图 1.224～图 1.226 所示；中心偏置，如图 1.227 所示；螺旋形，如图 1.228、图 1.229 所示。

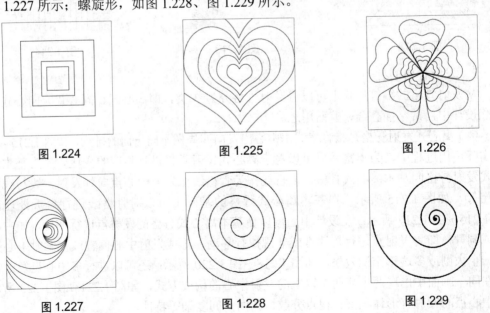

图 1.224　　　　　　　图 1.225　　　　　　　图 1.226

图 1.227　　　　　　　图 1.228　　　　　　　图 1.229

（3）向心式发射骨格是指骨格的中心不是所有骨格线的交点，而是骨格线弯角的指向点，如图 1.214 所示。向心式发射骨格的变化主要有骨格线的弯折、中心偏置等，如图 1.230～图 1.232 所示。

图 1.230

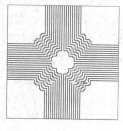

图 1.231

图 1.232

2. 基本形与骨格的关系

将基本形纳入发射骨格内，采用有作用或无作用骨格均可，但基本形元素排列必须清晰有序。

利用发射骨格引导辅助线构筑基本形，使基本形融入发射骨格中，突出发射骨格的造型特征。辅助线可以在骨格单位中勾画，也可以是某种规律性骨格（重复、渐变）与发射骨格叠加、分割而成。

以骨格线或骨格单位自身为基本形，基本形即发射骨格自身，无须纳入基本形或其他元素，完全突出发射骨格自身。这种骨格线简单有力。一般要使骨格线放宽，呈群体放射状，以取得简洁、有力的视觉效果。

1.8　特异构成

1.8.1　特异构成的概念

特异构成又称"变异"，是规律的破坏，秩序的轻度对比。即在规律性骨格和基本形的构成内，变异其中个别骨格或基本形的特征以突破规律的单调感，使其形成鲜明反差，造成动感，增加趣味的构成手法，如图 1.233、图 1.234 所示。

图 1.233

图 1.234

1.8.2 特异构成的特点及作用

特异是规律的突破和秩序的局部对比，如"鹤立鸡群"、"羊群中的骆驼"便是特异的最好例证。在整体规律之中，使一小部分与整体秩序不和，但又与整体规律不失联系，这一小部分就是特异。当然特异的程度视情况而定，有时候是规律中极轻微的偏差，有时候则与规律有相当大的差异。对比差异过小，易被整体规律埋没，过大又会失去总体协调。应以不失去整体观感的适度差异为宜，如图1.235所示。

特异部分往往能形成视觉中心，集中人们的视线，如图1.236所示。

特异在平面设计中有着重要的位置，可以打破设计中由于规律性而造成的单调感，可以激发人们的心理反应，传达强烈的视觉印象，例如：特大、特小、突变、独特、异常的现象等，进而刺激视觉，产生振奋、震惊、质疑的感觉，从而达到突出主题的效果，如图1.237所示。

图 1.235

图 1.236

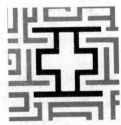

图 1.237

1.8.3 实现特异的方法

1. 特异构成的基本形

特异构成的基本形是在大部分基本形都保持着严整的规律基础上，使一小部分违反规律形成特异关系，进而形成视觉中心，如图1.238所示。

制造特异基本形的方法主要有以下两种。

1）基本形规律的转移

特异部分的基本形彼此之间构成一种新的规律，与原整体规律的基本形有机地配合在起，形成规律的转移，如图1.239所示。

2）基本形规律的破坏

特异部分的基本形之间无新规律，无论从形状、大小、方向或位置等方面都无自身规律，但又融于整体规律之中，这就是破坏规律。破坏规律的部分当然也应以少为宜，如图1.240所示。

图 1.238

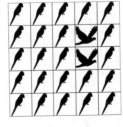

图 1.239

图 1.240

2. 特异构成的骨格

特异的骨格一般是在规律性的骨格中，使部分骨格单位在形状、大小、方向或位置方面产生变动，进而产生骨格特异的效果。特异骨格的设计，以突出骨格自身变化为特征，一般不需要纳入基本形。特异骨格往往也通过规律转移和破坏来实现。

1）骨格规律的转移

在整体有规律的骨格中发生特异，这部分是另外一种规律，并与原整体规律保持有机联系，那么这就是规律转移，如图 1.241 所示。

2）骨格规律的破坏

骨格中发生特异的部分没有新规律，而是原整体的规律在一些地方受到干扰产生异变，这就是规律的破坏，如图 1.242、图 1.243 所示。

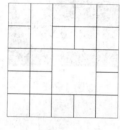

图 1.241   图 1.242   图 1.243

3. 特异构成基本形与骨格的关系

特异构成的常规手法是先制造规律，再将规律进行轻度的破坏，骨格和基本形之间与重复构成中二者的关系相同，即编排与被编排的关系。骨格在特异构成中主要起到制造规律的作用，因此特异构成的骨格往往是规律性骨格，是非作用性骨格，对基本形主要起到编排定位的作用。骨格单位可以独立成像也可以纳入基本形综合成像，骨格可以是可见的也可以是不可见的。

1.9　对　比　构　成

对比是人们识别事物、认识世界的一种方法，是视觉造型阐述概念的一种手段，在视觉传达设计中，对比更是一种必不可少的表达方式。对比的实质是寻求差异以创建变化的一种表达方式，没有比较就不能很好地表现形象的个性所在，没有比较就不能发现事物的本质所在，差异是变化的基础，变化是丰富形象提高层次的根源，对比构成是造型设计的常用的表现手法。

1.9.1　对比构成的概念

对比构成是指通过着重表现形象与形象之间或形象与空间之间的对立因素，使形象之间各自的特征得到加强，进而达到紧张、刺激、个性鲜明化表现效果的构成手法。对比构成其实质就是如何处理"统一与变化"，"对比与调和"的关系，如图 1.244～图 1.249 所示。

图 1.244

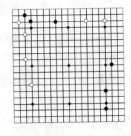

图 1.245

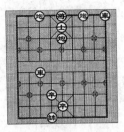

图 1.246

图 1.247

图 1.248

图 1.249

1.9.2　对比构成的特点及作用

（1）对比构成最主要的功能就使个性因素鲜明化。

（2）对比构成可以产生强烈的紧张、刺激的视觉效果。

（3）对比主要指的是变化，设计中变化过少会感觉无内容，变化过多则显得烦乱，所以在使用对比手法进行创作时，应依据设计意图控制好变化要素的数量。

1.9.3　实现对比的方法

对比是一种自由构成的形式，一般不受骨格线限制，而是依据形态本身的大小、疏密、虚实、显隐、形状、色彩和肌理等方面的差异而制造一种比较关系，如图 1.250、图 1.251 所示。

图 1.250

图 1.251

1. 对比构成的基本形

处理对比的基本形时主要是寻找基本形的相异状况，如：大小、长短、曲直、方圆、黑白、粗细、规则与不规则、收缩与扩张等，任何相异的形状都可以形成对比关系，如图 1.252～图 1.254 所示。

　　设计者在进行创作时就是在平衡各种关系，在使用对比构成手法时，要在这些对比因素的运用中注意在对比中寻求协调，方能使对比不失整体感。一般可以通过保留相近或相似的因素的办法达到协调；也可以是对比双方的某些特征要素相互渗透，通过存在共同因素达到协调。还可以利用过渡形的办法实现协调，就是在对比双方之间设立兼有双方特点的中间形象，使对比在视觉上得到过渡。

图 1.252

图 1.253

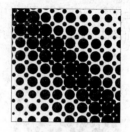

图 1.254

　　2. 对比构成的骨格

　　强烈刺激的对比效果主要靠基本形之间的差异来实现，骨格在对比构成中不如在重复、发射等构成中作用强烈。对比构成中的骨格基本上是起到定位作用的无作用骨格，但对比构成也可以利用骨格的规律性、作用性、骨格单位的差异等方面实现对比，如图 1.255~图 1.257 所示。

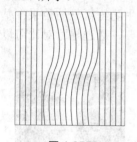

图 1.255

图 1.256

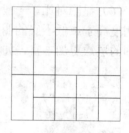

图 1.257

　　3. 对比的形式

　　对比的形式主要有排列对比和密集两种。

　　1）排列对比

　　排列对比是指规律性的骨格（重复、渐变、发射）都包含秩序井然的骨格线，分割出严谨的骨格单位，使基本形有一定的空间。排列对比可造成对比骨格，这种骨格是无规律的，没有严格的骨格线，基本形也没有固定的位置，基本形的安排只能以视觉的平衡与否为标准。排列对比的基本形大多数不重复，并略带近似的关系，基本形的种类在两种以上，它的形状、大小、方向、位置都可以发生对比。排列对比又可以分为如下 6 种形式。

　　（1）方向对比。在基本形有方向的情况下，可以通过控制基本形的方向实现对比。出于寻求协调角度考虑可以使大部分基本形近似或相同，少数基本形方向不同或相反。形态的方向性决定画面运动的趋势，这种趋势需由对比来加强，如图 1.258 所示。

　　（2）位置对比。基本形在画面排列时，可以通过控制基本形在空间中的位置实现对比。

一般来说，基本形存在的空间不要太对称，应该注意形与形之间空间位置的均衡，争取在不对称中求得平衡，从中得到疏密有致的对比，如图 1.259 所示。

（3）虚实对比。虚实对比就是基本形和空间的对比，即通常所说的图与底的对比。当图少底多时，底包围图，图则显得突出；而当图多底少时，图包围底，底就显得突出；当图、底面积相等时，虚形和实形同时突出。虚和实是同等重要的，正如国画中所讲的"计白当黑"，又如漆画艺术中的"计黑当白"。因此在设计时虚形与实形要同时考虑，才会使画面产生视觉效果的均衡与美感，如图 1.260 所示。

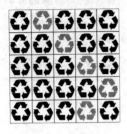

图 1.258

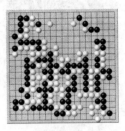

图 1.259

图 1.260

（4）聚散对比。聚散对比就是密集的元素与松散的空间所形成的对比关系，如图 1.261 所示。

（5）大小对比。大小对比是指构图排列上形与形之间的大小关系，大小对比可以轻易地表现出画面的主次关系，如图 1.262 所示。

（6）显隐对比。一般基本形明度与底的明度相近或相同会产生隐约可见的效果；基本形明度高于或低于底的明度时，基本形明显突出。显与隐同等重要，通过显隐对比可以使画面的层次更加丰富，如图 1.263 所示。

图 1.261

图 1.262

图 1.263

2）密集

密集是一种特殊的对比形式，也称集结。密集的对比手法是指使用众多的基本形，进行有疏有密的排列，并不严格遵循骨格关系，形象可以自由地集合与散开。如集市上的人群、追逐嬉戏的小鱼、夜空里的星星等，都是有疏有密的形象。密集形式是以追求疏密节奏及空间的动态平衡为主要特征，以聚集、分散图形的手法，经营潜在的"力场"，使形与形之间的排斥与吸引趋于合理，形成既稳定又富于动态变化的构图。密集是一种运动的方式，通过形态的疏密关系塑造出画面的运动感，如图 1.264～图 1.266 所示。

在应用密集的构成形式时需要大量基本形的积累，因此，这些基本形的面积不应太大。基本形的面积过大、排列过于疏松、数量太少，都不会产生密集的效果。密集的关键在于基本形数量的多寡。但有时过于密集的地方反而使人们失去了对它的重视，使空白或疏松之处成为焦点。所以密集往往通过疏密适当的编排形成强烈的节奏，最密和最疏之处引人注目，易成为设计的中心焦点。基本形的形状可以重复，也可以是近似的形，形状不必太复杂，以便突出疏密有致的编排特点。

图 1.264

图 1.265

图 1.266

1.10　变异构成

1.10.1　变异构成的概念

变异构成也称形象变异，是指对具象进行变形处理，一般来说变化后的形象与原有形象差异较大，但并不改变形象的基本面貌。变异构成是造型的一种常用的手法，在视觉形象设计中经常用到，主要就是对形象进行概括、提炼等艺术加工处理，如图 1.267、图 1.268 所示。

图 1.267

图 1.268

1.10.2　变异构成的特点及作用

（1）变异构成有别于其他构成手法，几乎摆脱了构成骨格的管理。它主要以现实生活中的具体形象为基础，以设计意图为依据，对具象进行加工处理，去掉或弱化对设计意图无用的部分，重点强化影响设计意图表达的部分，如图 1.269~图 1.271 所示。

图 1.269

图 1.270

图 1.271

（2）通过变异的手法对具象进行艺术处理后，可以增强形象的趣味性，引发观者的兴趣，进而满足人们追求新奇怪异的审美需求，如图 1.272～图 1.274 所示。

图 1.272

图 1.273

图 1.274

（3）可以抽取具象形象的特点，通过一定的方法进行加工处理使其更加具有表现力，更能适合设计的视觉传达的目的，如图 1.275～图 1.277 所示。

图 1.275

图 1.276

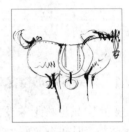

图 1.277

（4）变异的手法更适合进行图案的绘制，使图案更加简洁明快，适于表现主题。形象变异的手法从古至今被国内外广泛使用，其所塑造的形象更适于装饰，如图 1.278～图 1.280 所示。

图 1.278

图 1.279

图 1.280

1.10.3 实现变异的方法

形象变异主要是直接对具象的基本形进行变化，和骨格关系不大。它主要有如下方法。

1. 抽象法

根据设计内容的需要，对自然物象进行整理和高度概括，夸张其典型性格，从而提高其装饰性，增强其艺术效果，如图 1.281～图 1.283 所示。

图 1.281

图 1.282

图 1.283

2. 变形法

它就是在形象完全写实，但并不能取得满意效果时，对自然形象进行一些变形使其更能够表达设计意图，如图 1.284～图 1.286 所示。

图 1.284

图 1.285

图 1.286

3. 切割法

为了设计的需要，将形象的某些部位进行切割，再重新组合拼贴而成新的形象，如图 1.287～图 1.289 所示。

图 1.287

图 1.288

图 1.289

切割、重组的方式分别见表 1-1、表 1-2。

表 1-1　切割的方式

类　　别	描　　述
纵向式切割	将画面沿纵向作等距切割
横向式切割	将画面沿横向作等距切割
弧线式切割	将画面用等距的弧线进行切割
斜向式切割	将画面以斜向方式进行等距切割

表1-2　重组的方式

类　别	描　述
联合式重组	将切割后的条形画面不留间隙的紧贴组合在一起
间隔式重组	以一定的间隔方式将切割后的条形画面进行重组
渐变式重组	将切割后的条形画面以一定的渐变间距的方式进行重组
底纹式重组	将切割后的条形画面与另一底纹图案进行组合

注：重组的顺序可以按照图案原有次序组合，也可以变换次序组合。

4. 其他方法

其他方法还有放大、缩小、组合等。

1.11　视幻构成

1.11.1　视幻构成的概念

视幻构成也称空间构成，是指在二维的空间里表现出三维空间的长、宽、高，实质上就是在平面上表现出立体的感觉。视幻构成主要是利用了人眼观察事物"近大远小"等原理，制造出一种视觉错觉，实际上这种空间感不存在，所以只是一种幻觉，因此称为视幻构成，如图1.290～图1.292所示。

图 1.290

图 1.291

图 1.292

1.11.2　视幻构成的特点及作用

（1）视幻构成主要是依据人眼观察事物的视觉原理，在平面上创造出三维形象，但通过视幻的手法塑造的空间形象实际并不存在。

（2）视幻构成的主要作用就是在平面上制造出强烈的空间感觉来，以此来增强画面的视觉冲击力，加强设计的表现效果，增强形象表现的趣味性和观赏性。

（3）视幻构成创造空间形象的手法很多，所创造出的空间形象也不尽相同，各有特色。或平静或运动，或出现理性的严谨或虚幻的浪漫与离奇，造成形象生动富有趣味，易于感染观者。

1.11.3 实现视幻的方法

实现视幻可以采用覆叠、变形、色彩和肌理、影子的效果、透视与投影、矛盾空间等方法。

1. 覆叠

叠覆即利用形象的重叠，以产生前后、远近的效果，如图 1.293～图 1.295 所示。

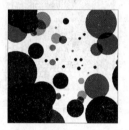
图 1.293

图 1.294

图 1.295

2. 变形

根据视觉原理对形象进行倾斜、旋转、扭曲等变化，产生近大远小的效果，如图 1.296～图 1.298 所示。

图 1.296

图 1.297

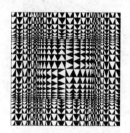
图 1.298

3. 色彩和肌理

利用色彩和肌理给人产生的不同视觉印象制造前后、远近的视觉效果。形象为暖色会有前进感、冷色则有后退感；形象的色彩与背景的色彩明度相近时会有后退感，反之则有前进感；肌理粗糙有近的感觉，细腻则有远的感觉，如图 1.299～图 1.301 所示。

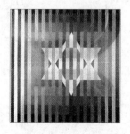
图 1.299

图 1.300

图 1.301

4. 影子的效果

对形象加上影子，会使形象的存在更加真实，更符合视觉规律，如图 1.302 所示。

5. 透视与投影

利用透视原理来制造空间感，如图 1.303、图 1.304 所示。

图 1.302

图 1.303

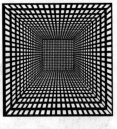
图 1.304

6. 矛盾空间

利用两个视点的形象，用一个共同的线或面连接起来，分开看是两个合理的形象，放在一起看又都不合理。利用交叉造成错觉也可以产生矛盾空间，如图 1.305～图 1.307 所示。

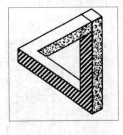
图 1.305

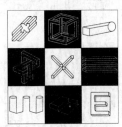
图 1.306

图 1.307

矛盾空间在现实中无法实现，只能利用平面产生错觉的虚拟空间才可以实现，所以说平面虚拟空间是非常自由的。矛盾空间主要是发现物体的特征，利用物体特征边缘的相互转换巧妙融合，创造出形象的完美结合，但在具体运用过程中，注意不能生搬硬套。矛盾空间在平面设计中可以传达出时空转换超现实感受，既有历史感又有现代感。矛盾空间可以将原本平淡的事物用不平凡的视觉形式表现出来，在视觉转换过程中感受到魔幻般的世界，引发人们的兴趣，激发好奇心的产生。

1.12 肌 理 构 成

1.12.1 肌理构成的概念

肌理是指物体内在质地构造的表面纹理特征。任何物质的表面都具有其自身的特征，无论是平滑的或是粗糙的，朴素的或是装饰性的，金属的或是木材的，软的或是硬的，它体现出物质的质感和属性，给人以视觉的、触觉的和心理的不同感受。

自然界的万物都在向外界展示各自的体貌特征，如图 1.308、图 1.309 所示，人类对于这些事物表面特征的视觉经验就是对于肌理的视觉感受。一般情况下，肌理可以直接反映出事物的本质，但有时肌理也会用其伪装本质。

按照人们对物体的认知和感知经验，可以把肌理分为视觉肌理和触觉肌理两大类，如图 1.310、图 1.311 所示。视觉肌理是对物体表面特征的认识，形状和色彩是视觉肌理的重要因素；用手触摸物体感知有凹凸起伏的肌理为触觉肌理。在视觉肌理经验丰富的基础之上，眼睛也可以感受到一部分触觉肌理（并非全部都正确）。

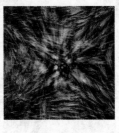

| 图 1.308 | 图 1.309 | 图 1.310 | 图 1.311 |

1.12.2　肌理构成的特点及作用

在平面构成及视觉传达设计中，为了加强表现内容、更好地传递信息，需要增加一些新颖、别致的视觉效果，而肌理的构成形式正是使画面丰富、趣味性增强的有效方法之一。肌理的构成可以应用重复、渐变、放射与结集、特异及空间等所有的构成形式，即每一种构成形式中都有肌理的存在，而肌理又可以作为一种形式单独存在。

不同的肌理表现不同的物质特征，而不同的物质给人的心理感受也不尽相同。只有那些符合人们审美需求、审美习惯和审美情趣的肌理才是美的肌理、实用的肌理。高雅与朴素、粗狂与细腻、安静与喧闹、坚硬与柔软、古朴与现伏、繁杂与凝练、严肃与活泼等，创造出千变万化的肌理效果，满足不同的视觉需要，是平面构成在平面设计应用中的重要手段之一。

如不论是抛光打磨的石材纹理，还是原始粗糙的纹理的沙石纹，都是其内在本质的反映，给人的感觉是朴实无华或大方典雅，特别适合于表现一种自然、返璞归真的情感；玻璃器皿通透的视觉效果随着内容物质和光线的改变而变化，或冷静、或热烈、或清爽、或浑浊、适合于表现安静、欢乐、辉煌、寂寞等多种情感的宣泄；柔软细致的肌理，则会让人体验到温柔、恬静及平和的感觉。

1.12.3　实现肌理的方法

自然的肌理可以直接从自然界的万物通过摄影、绘画等方法获得。

点、线、面的自行组合或者相互间的交叉组合，都能够产生无数种不同肌理的表面效果，而毛笔、钢笔、喷笔等因为表现工具的不同，也会形成不同的肌理效果。相同的表现工具因纸张或其他材质的不同获得的肌理也会出现意想不到的效果。

实现肌理常用的方法有徒手描绘、喷笔喷绘、磨擦、流动、浸染、冲淋、拓印、堆贴、剪刻、撕裂、渲染、皴擦等。用木质、石材、油漆、纱布、特种纸、麻纱、塑料、玻璃、

金属、海绵、油、水、胶等材料，可以做出想象中的肌理或偶然效果的肌理，如图 1.312～
图 1.320 所示。

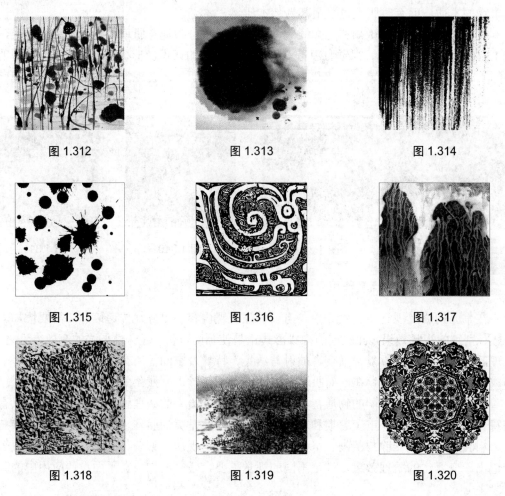

图 1.312   图 1.313   图 1.314

图 1.315   图 1.316   图 1.317

图 1.318   图 1.319   图 1.320

同样，运用计算机技术和 Adobe Photoshop、Painter、Illustrator 等软件，也可以制作出
意想不到、变化万千的肌理，如图 1.321～图 1.323 所示。

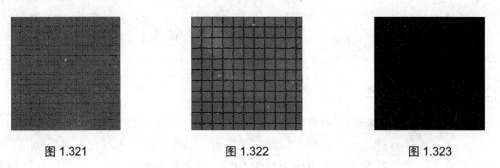

图 1.321   图 1.322   图 1.323

1.13　分　割　构　成

1.13.1　分割构成的概念

　　分割构成就是将画面或一个空间单位有目的的分开，是平面构成中常用的手法。分割与比例是以纯粹的数理性作基础的，通过对面的渐次分割和随意分割展现出富有逻辑的节奏，如图 1.324、图 1.325 所示。在平面设计中，分割被广泛运用于书籍杂志、DM 手册、报纸、招贴、包装等的版面设计中。现代抽象派著名画家蒙德里安的早期作品就是按照分割和单纯比率构成的，以直线为主要表现手段，有水平线和垂直线组成的，也有交叉倾斜线组成的。

1.13.2　分割构成的特点及作用

　　依据数理逻辑分割创造出来的造型空间，有着明显的特点，如图 1.326、图 1.327 所示。

　　（1）分割合理的空间表现明快、直率、清晰。

　　（2）分割线的限制使人感到在井然有序的空间里，形象更集中，更有条理。

　　（3）有条不紊的画面分割，具有较强的秩序性，给人冷静和理智的印象。

　　（4）渐次的变化过程，形成富有韵律的秩序美感。

图 1.324　　　　　　图 1.325　　　　　　图 1.326　　　　　　图 1.327

1.13.3　实现分割的方法

　　分割的方式可以分为数列分割和随意分割两类。

　　1．数列分割

　　数列分割是平面构成中骨格构成常用的方式。一种是渐次的数列分割，这种渐次分割方式主要用于表现渐变构成；另一种是等分割，重复骨格就是用此方式进行分割。

　　1）渐次数列

　　渐次数列（递增数列）就是将形的大小进行逐渐变化，利用这种数列可以创造出有秩序的节奏美。它包括等差和等比两种数列形式。

　　（1）等差数列是分割的距离是按等差关系增大的数列，例如，每项相差均为 0.5 厘米，数列为 1、1.5、2.0、2.5、3.0，如图 1.328、图 1.329 所示。

（2）等比数列是分割的距离都是按等比关系增大的数列，即按照倍数增递，例如，每项相差 2 倍，数列为 1、2、4、8、16、32，如图 1.330 所示。

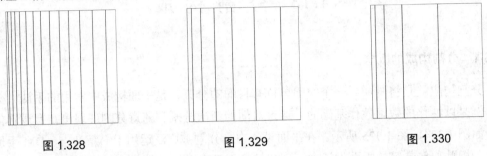

图 1.328　　　　　　　　图 1.329　　　　　　　　图 1.330

2）等分割

等分割的方式可以按分割线的方向定为垂直线、水平线、斜线等分割就是将空间均匀地分为 2 等分、3 等分、4 等分……如图 1.331～图 1.333 所示。其主要的方法有：垂直线或水平线作等分割；用斜线作等分割；用垂直线和水平线作等分割；用垂直线、水平线、斜线结合作等分割。

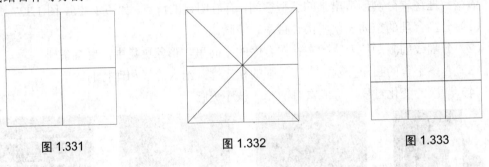

图 1.331　　　　　　　　图 1.332　　　　　　　　图 1.333

2. 随意分割

随意分割的方式没有数列分割严谨规律。有较大的自由度，画面显得既生动，又不失秩序。因此，它是版面设计的基础和原则。随意分割并不是不要章法规矩，而是更讲究分割的方向，更强调分割面积的大小比例、相互错落、纵横交替等，须特别注重对版面的整体节奏感的把握。如黄金比例分割，就是按照"黄金比例 1∶1.618"分割，特点是具有均衡性和协调性，给人一种平稳、和谐、安定的美感。

1.14　平面构成的实际应用

从包豪斯体系的建立到我国近几十年来设计艺术基础教育对构成理论的广泛应用，平面构成理论和立体构成、色彩构成一起受到广泛的研究与关注。其中一个重要环节就是对平面构成理论教学与设计实践相互关系的研究。究竟怎样学习构成理论，如何将平面构成理论与设计实践相结合成为各大院校师生和设计师们越来越关注的焦点问题。

学习平面构成，主要是学习画面各元素组合构成的形式与方法，以及这种形式方法对人心理引起的共鸣。每一种设计形式的练习，都是对其形式感的把握与了解。在掌握一些基本的形式规律的同时，更应该注意其形式感对人的心理作用以及表达人们情感的深度与广度，使其真正和设计的最终效果相结合，形成一个完美的、全新的整体形象，这也是对平面构成这一基础课程学习的切实意义。通过对平面构成形式的学习，能够在将来从事专业平面设计的工作中，掌握和运用传达创作意念的基本形和排列组合方式。设计师不能盲目地进行设计，而应用适当方法有系统地阐述，以传达自己的创意。

平面构成理论与设计实践的结合，可以看作理性思维与感性设计的统一，平面构成理论在理性思维研究的同时也注重对感性视觉的分析与研究，使理性研究在构成理论学习的过程中能够与感性思维有机地联系在一起，以保证构成理论对具体设计起到理论指导的作用，又不至于太过教条，纸上谈兵。

一切视觉形象设计都是从平面设计开始的，处理好平面上的设计问题是造型设计师应具备的最基本技能，平面构成便成为造型最为基本的理论。平面构成理论应用非常广泛，建筑设计、建筑装饰设计、室内设计、园林景观设计、环境艺术设计、装饰设计、广告设计等都离不开平面构成理论的指导。

1.14.1 平面构成理论在视觉形象设计上应用的主要表现

1. 形象再造

视觉形象设计可以通过平面构成理论对自然形态进行归纳整理，再造视觉形象的基本形态，使之更适合艺术表现，最终为表现设计意图服务，如图 1.334～图 1.339 所示。

图 1.334　　　　　　　图 1.335　　　　　　　图 1.336

图 1.337　　　　　　　图 1.338　　　　　　　图 1.339

2. 丰富视觉效果和心理感受

平面构成理论所构筑的形象不仅限于表现平面形态的视觉效果，也可以在平面上再现立体形态的视觉效果。平面构成理论可以使视觉形象具有简洁、奇妙、离奇、浪漫、变化丰富的视觉效果和心理情感，使设计意图的视觉传达更为准确，如图 1.340～图 1.345 所示。

图 1.340

图 1.341

图 1.342

图 1.343

图 1.344

图 1.345

3. 增强表现力

视觉形象设计可以利用平面构成理论处理形象与形象之间的关系，通过科学、艺术的编排处理，构筑更为贴近表达设计意图编排设计，使视觉传递更具目的性，平面构成的各种形式可以使构筑的视觉形象更具表现力，辅助形象设计的构思形成，如图 1.346～图 1.348 所示。

图 1.346

图 1.347

图 1.348

1.14.2 平面构成理论具体应用案例

1. 平面构成在图案设计上的应用

图案是指图形的设计方案，图案设计的应用领域相当广泛，比如建筑装饰设计、园林景观设计、室内空间设计、广告设计、包装设计、服装设计，这些都与图案设计息息相关，图案不仅美化了人们的环境，而且使生活空间变得更加幻丽多彩。

图案设计是视觉形象设计的开始，平面构成理论则是图案设计开端，图案形象主要依靠构成理论构建基本形，依靠构成理论对形象进行取舍、组合、整理、编排，最后形成能够表达设计意图的视觉形象。图案的思想内容通过材料和工艺得以实施，使设计方案转化为物质产品，并经过人们的使用和欣赏过程展现设计思想，如图 1.349～图 1.354 所示。

图 1.349

图 1.350

图 1.351

图 1.352

图 1.353

图 1.354

2. 平面构成在建筑设计上的应用

平面构成的造型技巧、构成形式、图形之间的关系处理等理论被广泛地应用到建筑设计上，建筑造型设计、建筑装饰设计、室内设计、展示设计等诸多方面都可以看到构成理论的存在。平面构成理论为建筑设计概念的传达奠定了坚实的理论基础。

平面构成理论来源于建筑设计和工业设计，平面构成理论是前人通过众多的设计实践，在科学和艺术的角度上总结出如何将抽象的概念转变成视觉形象的设计。构成理论被广泛地应用到设计中，如图 1.355～图 1.363 所示。

图 1.355

图 1.356

图 1.357

图 1.358

图 1.359

图 1.360

图 1.361

图 1.362

图 1.363

3. 平面构成在园林景观设计上的应用

平面构成理论在园林景观设计中也被广泛地应用，具体表现在总体规划、铺装、景墙等多个方面，如图 1.364～图 1.369 所示。

图 1.364

图 1.365

图 1.366

图 1.367

图 1.368

图 1.369

综合应用案例

1. 点、线、面的构成（图 1.370～图 1.372）

图 1.370

图 1.371

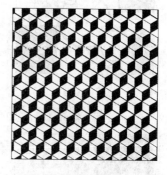

图 1.372

2. 基本形与骨格的运用案例（图 1.373～图 1.375）

图 1.373

图 1.374

图 1.375

3. 重复构成案例（图 1.376～图 1.378）

图 1.376

图 1.377

图 1.378

4．近似构成案例（图 1.379～图 1.381）

图 1.379

图 1.380

图 1.381

5．渐变构成案例（图 1.382～图 1.384）

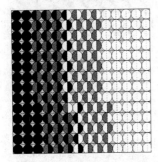

图 1.382

图 1.383

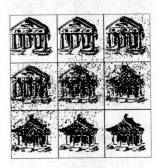

图 1.384

6．发射构成案例（图 1.385～图 1.387）

图 1.385

图 1.386

图 1.387

7．特异构成案例（图 1.388～图 1.390）

图 1.388

图 1.389

图 1.390

8．对比构成案例（图 1.391～图 1.393）

图 1.391

图 1.392

图 1.393

9．变异构成案例（图 1.394～图 1.396）

图 1.394

图 1.395

图 1.396

10．视幻构成案例（图 1.397～图 1.399）

图 1.397

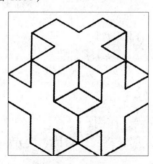

图 1.398

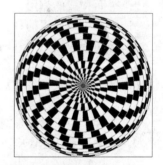

图 1.399

11．肌理构成案例（图 1.400～图 1.402）

图 1.400

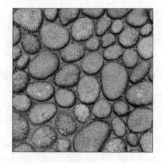

图 1.401

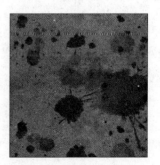

图 1.402

12. 分割构成（图 1.403～图 1.405）

图 1.403

图 1.404

图 1.405

推荐阅读资料

[1] 王友江. 平面设计基础[M]. 北京：中国纺织出版社，2004.

[2] 王芃，曾俊. 设计基础[M]. 重庆：西南师范大学出版社，1997.

[3] 满懿. 平面构成[M]. 北京：人民美术出版社，2004.

[4] 李燕. 平面构成[M]. 北京：中国水利水电出版社，2009.

习　　题

1. 平面构成的概念。
2. 平面构成的作用。
3. 平面构成元素的种类。
4. 平面构成造型元素的特点及作用。
5. 基本形和骨格的概念。
6. 基本形的类型及特点。
7. 骨格的类型及特点。
8. 各种构成手法的概念、特点、作用。
9. 实现重复、近似、渐变、发射、特异、对比、变异、视幻、肌理、分割等构成的方法。

综 合 实 训

平面构成设计

【实训目标】

熟悉各种构成手法的特点及作用，练习运用各种构成手法塑造平面形象。

【实训要求】

规格 30cm×30cm，主题突出，立意明确，处理好基本形与骨格之间的关系，基本形能够为主题服务，画面清晰整洁。

模块

色彩构成理论

学习目标

1. 明确色彩构成的概念、作用。
2. 掌握色彩构成的法则和色彩构成的美学原理。
3. 了解色彩构成理论在设计中的应用。

学习要求

能力目标	知识要点	相关实验或实训	重点
熟悉	色彩构成的基础理论		
掌握	色彩构成的法则和美学原理		★
理解	色彩构成在设计中的应用		

注：模块 2 中的图片详见后附彩图。

2.1 色彩的基础理论

色彩对于人们来说，是再熟悉不过的了，但要作为理论性研究，一定要知道什么是色彩？这是探析色彩构成的首要命题。现代科学研究成果论证，色彩是光刺激眼睛再传至大脑中枢而产生的一种感觉。正是在光源、物体和视觉的综合作用下，人们才能体验到缤纷多彩的世界的存在，色彩对于人类，犹如阳光、空气和水一样必不可少。对于色彩设计者更具有特殊意义。

对于人们生活的这个世界来说，色彩就是这个世界的灵魂，有色彩的存在才使这个世界绚丽多姿、活力无限。生物往往是先通过色彩来认识世间万物的，人类在原始社会就对色彩有着深刻的认识，由此在人类的世界里渐渐地形成了色彩的概念。从古至今，对色彩的研究是一个恒久不变的主题，晴朗日子里蔚蓝的天空、洁白的云朵，阴雨天里的乌黑苍穹、紫色的闪电，初春的草地、盛夏的荷塘、秋天的树林、冬天的田野，都呈现出来各具特点的色彩，对人们的头脑产生各种不同的刺激，生成了不同的印象，影响着心情、左右着生活。从远古到近代，只要有人类生活的地方，就会看到人类对色彩向往和追求的痕迹。法国石洞里的岩画、埃及金字塔里的图案、非洲土著居民脸上的彩绘、我国半坡文化的彩陶、商周的青铜器、秦汉的漆器、唐代的三彩瓷器等，无一不表现出人类对色彩的偏爱，对色彩的向往。

事物的存在都有一定的意义，对于人类来说是在利用自然和改造自然，所以对于每一种事物都要先了解认识再知道它的特点和作用，才能更好地去利用。色彩对于美学来说起着至关重要的作用，所以作为艺术创作者来说，色彩是一个必须了解认识的领域，设计、创作永远也离不开色彩。

2.1.1 色彩现象及其本质

1. 色彩现象

在人们生活的环境中，充满着各种各样的色彩。不妨环顾一下四周，便会被青山绿水、白云红霞包围和感染。绚丽的色彩大如旷野万顷、碧空万里，小至一棵草、一粒露珠、黄花绿叶中的彩蝶穿梭飞舞，这一切都是大自然用色彩点缀成一幅绚丽多彩的美丽画卷。白银、黄金、紫铜、不锈钢等金属材料，红宝石、绿翡翠等矿物，以及各种颜料、染料更为装点、美化人类生活提供了丰富的色彩源泉，如图 2.1～图 2.3 所示。

自然万物离不开色彩，人类生活中的吃、穿、住更与色彩有着密切的联系。人们每天的食物很大程度由于美好的色泽而引人垂涎欲滴，如红苹果、紫葡萄、黄香蕉、绿西瓜等，正是靠色彩吸引着人们，再如人们制作的蛋糕、点心等食品很大程度上也是通过色彩来提高诱惑力进而起到增强食欲的效果，如图 2.4 所示。吃如此，穿更如此，人类是一种高智慧的动物，发明衣服不只为遮风御寒，同时也形成了装饰、美化及社会文化的特征。由于服装与生活息息相关再加上人们爱美及个性主张等天性，服装设计已经成为一门独立的学问，服装的色彩更是形成了复杂而高深的艺术，如图 2.5 所示。住当然也是人们生活离不开的主题，远古时代，原始人便已懂得构木为巢，架石为屋，科学发达的今天，建筑已经形成一门高深而复杂的学问，建筑物的造型、结构、外观、色彩，因时因地，因民族风俗，因历史文化之演变而变化，用色的准则更是表现出时代和社会的精神特色。如中国传统建筑色彩的藏青色、金黄色的运用都具有象征高贵、辉煌、伟大的意义，如图 2.6 所示。

绚丽多姿的色彩现象是色彩研究的内容和出发点，设计者正是要在这些色彩现象中寻觅总结色彩规律，最后再将这些规律应用到设计中去，为设计的构成服务，为人们的生活服务。

2. 色彩本质

1）色彩的来源

光乃色彩之母，无光则无色彩。色彩现象是一种视觉的现象，产生视觉的主要条件是光线，物体是受到光线的照射，才产生出形与色彩。没有光，眼睛无法产生视觉，没有光线，也就没有色彩。

1666 年，伟大的物理学家牛顿作了一项著名的实验——色散实验，把太阳光以反射方式引入暗室，并使其通过三棱透镜，结果太阳光经过折射分离出 7 种不同色彩的光线来。这 7 种不同色彩的光线分别是红、橙、黄、绿、青、蓝、紫 7 种色彩。如果再把七色光线透过棱镜进行分化，却不能使其扩散，于是将这一系列的单色光称为光谱，如图 2.7 所示。由此证明了物体的色彩并不是本身固有的，而是由于对色彩的不同吸收和反射的性质所造成的。

2）物体色的呈现

（1）光源色的影响。光源色光谱成分的变化必然对物体色产生影响。如白、红、绿光分别照射在白色的物体上，物体则会呈现白、红、绿色的光。光源色亮度的强弱也会对物体色产生影响。强光下物体色会变淡，弱光下会变模糊、晦暗，只有中等光物体色才最清晰易变。如白炽灯下的物体带黄色，日光灯下偏青，电焊光下的物体偏浅青色。

（2）物体本身物理特性对物体呈色的影响。不透明的物体的颜色取决于对波长不同的各种色光的反射和吸收。如反射阳光中所有色光的物体呈现白色，吸收阳光中所有色光的物体呈现黑色。透明的物体的颜色是由透过它的色光决定的。如大海是为蓝色是因为蓝光的光波短，所以能够透过海水更深一些。

（3）光源色与物体的特征之间的关系。二者是相互依存，又相互制约的。只强调物体特征而否定光源，物体色就变成了无水之源了；只强调光源色而不承认物体固有的特性，也就否定物体的存在。物体色不是固有的而是变化的。

2.1.2 色彩的属性

1. 色彩的分类

大千世界的色彩，种类纷繁复杂，为了便于表现和应用不得不用科学的方法进行分类，现代色彩学按全面、系统的观点，将色彩分为以下两类。

1）无彩色

无彩色的颜色是指黑色、白色和各种纯灰色。纯灰色可理解为由黑与白混合的各种明暗层次的灰色。值得注意的是色彩学的划分，无彩色也是一种色彩，就像数学中"0"也是一个有理数一样。

无彩色的颜色，只有明度的变化，把所有无彩色的颜色概括起来，可得到按比例变化的不同明度层次的颜色，如图 2.8 所示，从明度最亮的白色开始，按逆时针方向可依次命名为：白、亮灰、浅灰、亮中灰、中灰、灰、暗灰、黑灰、黑等多个颜色。

2）有彩色

通常可见光谱是光分解的 7 个颜色，由于青色和蓝色都属蓝色系，为了研究和运用的方便，常把青色和蓝色合成一个蓝色，可得最基本的六色。有彩色包括红、橙、黄、绿、蓝、紫及由它们混合所得的所有的色彩，如图 2.9 所示。所以可理解为有彩色所包容的范围，就是一般概念上的色彩的范围。

在实际运用过程中，还有一类不属于上述两类中的色彩种类，称为特别色。特别色在使用时的视觉效果与上述两类不同，具有特殊性。如金色，银色和荧光色等，印刷上称为特别色。特别色除了有不同的色相外，通过技术上的处理，可产生出不同的光泽效果。此类色彩的提出，是为了适应现代设计和现代印刷的需要，以丰富设计师的表现方法和设计物的视觉效果为目的的。

2. 色彩的要素

色彩属性就是色彩固有的本质，也是色彩之间相互区别的依据。色彩的属性主要是由色彩的色相、明度、纯度 3 种基本性质决定的。

1）色相

所谓色相是指色彩的相貌，即不同波长的光给人的不同的色彩感受。色相是区分色彩的主要依据，用来区分各种不同的色彩，培养人们对色彩敏锐准确地分辨能力。

色相的种类很多，可以识别的色相可达 160 个左右。在色彩研究中，人们习惯用色环表达光谱中色相的顺序。将置于直线排列的可见光谱的两端的颜色——红色和紫色，巧妙地连接起来，使色相序列显现出循环的形式，人们把这种表现形式称为色相环。色相环的形式很多，最简单的是牛顿的 6 色相环——牛顿根据光谱中的红、橙、黄、绿、蓝、紫六色环绕制成，如图 2.10 所示。

伊顿的 12 色相环是伊顿在 6 色间各加一个过渡色相，而建立的色相环。其优点在于，12 个色相具有相等的间隔，6 对补色分别处于直径两端的对立位置上，使用者可以轻易地辨别出任何一种颜色，并且可以非常清楚地了解从 3 原色到间色再到 12 色的演义过程，如图 2.11 所示。除此之外还有奥斯特瓦尔德的 24 色相环，如图 2.12 所示；蒙赛尔 100 色相环等。

2）明度

明度是色彩的明暗程度（又称光度）。明度是所有色彩都具有的属性，明度关系是配色的基础，明度最适合表现物体或造型的立体感和空间感，如图 2.13 所示。

（1）同一色相可以有不同的明度。由于不同强度的光线照射，相同色相产生不同的明度变化。另外，在相同强度的光线照射下，如果在同一色相中加入一定程度的白或黑，就会增强或降低其反射度，从而产生不同的明度。如深绿、粉绿等就有不同的明度。图 2.14 就是在深蓝色（群青）中加入不同程度的白色所产生的不同明度的蓝色。

（2）不同色相的色彩，其自身反射光线的强弱也不同，具有不同的明度。从图 2.15 的色相环来看，就有明显的明度变化，色相环上从黄到紫呈现出由高到低逐渐的明度变化，从中可以看 6 个标准色的明度依次是：黄、橙、红、绿、青、紫。颜料中个各色彩明度排列依次是：柠檬黄最亮，橙黄、土黄、粉绿次亮，朱红、大红、土红、赭石、生褐稍暗，绿、群绿、紫罗兰较暗，酞菁蓝、熟褐最暗。

● 特 别 提 示 ································

在色彩上习惯把接近于红端区光度较高的称为"明色"如：红，橙，黄。把接近于紫端区光度较低的各色称为"暗色"如：紫，青，蓝。

3）纯度

色彩的纯度也叫鲜艳度、饱和度或彩度。顾名思义，即是色彩的纯净程度，是指某一色彩中所含该种色素成分的多少。一般所含色素成分越多，其纯度就越高，相反则纯度就越低。当某色彩所含该色素的成分为 100% 时，就称为该色相的纯色。

在使用色彩时，纯色的利用是比较简单而直接的，而对具有不同纯度变化的非纯色的利用却比较困难，对于初学者更是比较陌生。在色彩运用中用量最大的和最见效果的及易取得变化的，恰恰就是大量的非纯色的利用，所以，对纯度的变化及纯度的理解至关重要。

要有效地利用色彩的纯度变化，必须了解纯度变化的一些方法。根据实际的需要，有以下方法可供选择。

（1）在纯色中加入白色，可以降低色彩的纯度。白色越多，纯度越低。在纯度降低的同时，色彩的明度也在提高，同时也使色彩的色性逐渐偏冷，如图 2.16 所示。

（2）在纯色中加入黑色，可以降低色彩的纯度。黑色越多，纯度越低。在纯度降低的同时，色彩的明度也在降低，同时也使色彩的色性逐渐偏暖，并失去光泽，变得沉着、幽暗，如图 2.17 所示。

（3）在纯色中加入纯灰色（黑加白），同样可使色彩的纯度降低。如在红色中加入与该纯色相同明度的灰色，这是使色彩的明度不变而只改变纯度的唯一方法。如要提高明度则用较亮的灰色，相反，要降低明度就用暗灰色。加纯灰色所得到的非纯色，给人柔和、脂粉或软弱的感觉，如图 2.18、图 2.19 所示。

（4）在纯色中加入该色的对比色或补色，可使色彩的纯度降低。同时可得到具有色彩倾向的暗灰色，如再加入白色淡化，产生的各种不同明度和微妙性格变化的浅灰色，更是引人入胜，图 2.20、图 2.21 分别为加上对比色和补色的非纯色。

在色彩学上，纯色加上白或黑色后所得到的灰色为清色，这种色彩在表现上与味觉有相关因素，有利于增加色彩的食欲感。纯色加纯灰或对比色、补色的灰色称为浊色，这种色彩有柔软感，但缺乏色味的刺激，常用于女性化妆品包装或服装等的色彩上，所以又叫脂粉色。

3. 色彩的混合

生活中，人们感知的颜色大部分都是色彩的混合物。因此要认识和使用色彩，就必须对色彩的混合有所了解。色彩混合就是两种或两种以上的色彩混合成新色彩的方法。由于混合的形式不同，会表现出不同的混合结果。目前主要有两种混合形式，即色彩的混合和颜料的混合。

光学上把太阳光分解为红、橙、黄、绿、青、蓝、紫七色光谱，这 7 个单色光已不可能再行分解。后来色彩学家通过反复的研究、试验才发现，用其中的红、绿、蓝三色光进行混合，便可产生出七色光谱中的其他四色及更多的色光。也就是说在七色光谱中的橙、黄、紫三色光虽不能分解，但可以合成，而红、绿、蓝三色光则是不能合成的单色光，色彩学上把这 3 个不能合成的色光（红、绿、蓝）称为三原色光。

颜料是人们用来改变物体表面色彩，美化生活及环境的材料，颜料的色彩属于人工色彩，其之所以能够改变物体颜色，是通过改变物体表面的反射光线来完成的。随着科学的进步和发展，颜料的色彩已占具了社会色彩的大部分，成为研究色彩不得不涉及的主要问题。是不是运用于表现的所有颜色，都要通过生产的方式来完成，实际上运用于表现的色彩种类和自然界的色彩一样丰富多样。色彩学家经过研究证明，运用于表现的所有色彩，都能通过 3 个颜色混合出来，这 3 个颜色就是红、黄、蓝，而红、黄、蓝三色是无法用其他颜色混合的，所以色彩学上把红、黄、蓝三色称为颜料的三原色。

色光的三原色光和颜料的三原色有所不同，色光的混合和颜料的混合的规律和结果也有所不同。

1）色光的混合（加色混合）

三原色光又称为第一次色光，它是用来混合产生其他色光的。准确地讲，三原色光的色相为偏橙的红色光、偏紫的蓝色光和绿色光，分别用第一次色光进行混合可得第二次色光的过程称为色光的混合。由于光色的混合，混合次数越多，其色光的明度越亮，所以色彩学上把光色混合称为加法混合。如图 2.22 所示，可得公式为

（橙）红+绿=黄

（橙）红+（紫）蓝=（紫）红

（紫）蓝+绿=（绿）蓝。

从中可以看出色光的第二次色光为：黄、（紫）红和（绿）蓝。

用第二次色光分别混合，或全部混合，或第一次色光全部混合，得到第三次色光，第三次色光为接近白色的白色光。可得公式为

黄+（紫）红=白

黄+（绿）蓝=白

（紫）红+（绿）蓝=白

黄+（紫）红+（绿）蓝=白

（橙）红+（紫）蓝+绿=白

2）颜色的混合（减色混合）

颜色的三原色，也叫第一次色，它同样是用来混合产生其他丰富多彩的颜色。准确地讲，颜色的三原色的色相为偏紫的红（洋红）、偏绿的蓝（仓蓝）和黄色。用颜色的第一次色分别进行混合，即得颜色的第二次色，也叫间色。其过程如图 2.23 所示，可得公式为

（紫）红+（绿）蓝=（蓝）紫

（紫）红+黄=（红）橙

（绿）蓝+黄=绿

用第二次色分别相加，或第二次色全部相加，或第一次色全部相加都得颜色的第三次色，又叫复色，颜色的第三次色为偏灰的黑色。第二次色混色的公式为

（蓝）紫+（红）橙=（灰）黑

（蓝）紫+绿=（灰）黑

（红）橙+绿=（灰）黑

（蓝）紫+（红）橙+绿=（灰）黑

（紫）红+（绿）蓝+黄=（灰）黑

颜色混合的次数越多，其明度越深，所以色彩学上把颜色的混合称为减法混合。

● 特 别 提 示

从以上两种不同性质的色彩的混合结果来看，光色的三原色正好是颜色的第二次色，而颜色的三原色也正好是光色的第二次色。而且光色的第三次色（白色）和颜色的第三次色（黑色）也正好是相反的关系。可以说，光色的混合和颜色的混合成正反两个方面的关系。

● 知 识 链 接

颜色的混合除了上述方法之外，还有以下两种情况，也是色彩运用中很重要的。

有彩色与无彩色的混合，包括第一次色和第二次色与黑、白、灰的混合，此混合可产生大量的具有不同色彩顷向及明度变化的灰色。

有彩色与特别色的混合，即有彩色与金、银、荧光色等的混合，可产生具有特别效果的色彩。

4. 色彩的体系

为了认识、研究与应用色彩，人们将千变万化的色彩按照它们各自的特性，按—定的规律和秩序排列，并加以命名，这称之为色彩的体系。色彩体系的建立，对于研究色彩的标准化、科学化、系统化及实际应用都具有重要价值，它可使人们更清楚、更标准地理解色彩，更确切地把握色彩的分类和组织。具体地说，色彩的体系就是将色彩按照三属性，有秩序地进行整理、分类而组成有系统的色彩体系。这种系统的体系如果借助于三维空间形式，来同时体现色彩的明度、色相、纯度之间的关系，则被称之为"色立体"。

目前国际上的色立体虽然形状上千姿百态，但其基本结构原理却大同小异。在众多的色立体中最具代表性的色立体有两种：孟氏（孟塞尔）色立体和奥氏（奥斯特瓦德）色立体。

1）孟氏色立体

孟氏色立体是美国色彩学家、教育家和美术家孟塞尔以色彩三要素为基础，并结合色彩视觉心理因素制定完成的色彩体系。它也是国际上最普及的色彩分类及标定方法，如图 2.24 所示。在孟氏色立体的色相环中，以红（R）、黄（Y）、绿（G）、蓝（B）、紫（P）为 5 个基本色。在毗邻的色相间各增加黄红（YR）、黄绿（YG）、蓝绿（BG）、蓝紫（BP）、红紫（RP），构成 10 个主要色相。每个色相又详分 10 个等分，演绎为 100 个色相。色相名称采用标号表示。例如 1Y、2Y、3Y……10Y。其中，标号 5 为该色的代表色，如 5Y 即标志着黄色的主色。在色相环中，相对的色相呈现出互补关系，如图 2.25 所示。

孟氏色立体的中心轴是无彩色系的黑、白、灰色序列，分为 11 个明暗等级。黑色为 0 级，白色为 10 级，中间 1～9 级为灰色。同时，中心轴也是有彩色系的明度标尺。由于色相的明度和中心轴的明度要素相对应，为此，所有色相的位置亦随其自身明度的高低而做上下的变化。如纯黄色相明度是 8 度，而紫色仅为 4 度。从孟氏色立体中可以清楚地观察到二者所处位置的差异。

色立体的纯度序列与中心轴相垂直，且呈水平状态。色立体外层是最饱和的色相，中心轴的纯度为零，二者以渐次的方式做相互转调变化。横向越靠近纯色越鲜亮，相反，越接近中心轴则越灰暗。由于各色相的纯度序数不等，所以各色相的位置与中心轴的距离显得参差不齐。如蓝绿距离中心轴最近，而红色则离中心轴最远，如图 2.26 所示。这样即使该色立体的外观呈现出凹凸不平的奇异形状特征，因它的外貌宛如树形，故又有"色树"这一别称。

孟氏色立体 HV/C 表示，其中 H、V、C 分别标志色相、明度和纯度。以 5G 5/8 为例，5G 标志纯绿色相，而 5 代表该色的明度值，8 则标明纯度值。

2）奥氏色立体

奥氏色立体是德国化学家、诺贝尔奖获得者奥斯特瓦德从物理学科的角度创立而成的色彩体系，如图 2.27 所示。

该色立体的色相环以赫林的红（R）、黄（y）、蓝（UB）、绿（SG）四色说为理论参照，由此在邻近的两色间增加橙（O）、蓝绿（T）、紫（P）、黄绿（LG）4 间色，合计 8 个主要色。上述各色再划分 3 等分，则扩展成 24 色相环。它们从黄依次到黄绿色，并以 1～24 做标号。每一色相均以中间 2 号为正色，如图 2.28 所示。

奥氏色立体的中心轴由白至黑共计 8 个明度等级，它们分别用小写字母 a、c、e、g、i、1、n、p 表示。每个标号等级都具有一定的含黑和含白量，见表 2-1。其中，a 为最明亮的白色，p 为最暗淡的黑色，中间 6 个层次为灰色。由于奥氏认为不存在纯白和纯黑色，所以其色立体上的所有色相都被视作由纯正色相掺加不同量的白色与黑色混合而成，其公式为

$$纯色+白+黑=100$$

表 2-1　奥氏色立体明度标号黑白量

标　号	w	a	c	e	g	i	l	n	p	b
白色量	100	89	56	35	22	14	8.9	5.6	3.5	0
黑色量	0	11	44	65	78	86	91.1	94.4	96.5	100

在色立体中，把明度等级作为垂直的中心轴，并以此作为正三角形的一边。各色相的最纯色置于三角形的顶端，如图 2.29 所示。在该等边三角中，a 与 pa 的连线上的各色含黑量相等，称"等黑量序列"；在 p 与 pa 的连线上的各色含白量相等，称"等白量序列"；不同色相而处同一色域的各色，其含白、含黑及纯度量都相等，称"等色序列"。奥氏色立体的每个纯度单页都称"三角色立体"。当把 24 色相的同色相三角色立体按照色环的顺序组成一个复圆锥体时就是奥氏色立体。

另外，奥氏色立体上的全部色彩都采用色相标号所注明的含黑、含白量来呈现。例如：14pi，即代表含白量是 3.5，含黑量是 91.1 的蓝色。因此，在色立体单页上，它被显示为一种纯度和明度均低于饱和蓝色的藏青色。

3）色立体的用途

色立体为人们提供了几乎全部的色彩体系，可以帮助人们开拓新的色彩思路。由于色立体是严格地按照色相、明度、纯度的科学关系组织起来的，所以它提示着科学的色彩对比、调和规律。建立一个标准化的色立体，会对色彩的使用和管理带来很大的方便，可以使色彩的标准统一起来。根据色立体可以任意改变一幅绘画，设计作品的色调，并能保留原作品的某些关系，取得更理想的效果。

总之，色立体能使人们更好地掌握色彩的科学性、多样性，使复杂的色彩关系在头脑中 形成立体的概念，为更全面地应用色彩，搭配色彩提供根据。

2.1.3 色彩构成的概念及作用

1. 色彩构成的概念

色彩构成，即色彩的相互作用，是从人对色彩的知觉和心理效果出发，用科学分析的方法，把复杂的色彩现象还原为基本要素，利用色彩在空间、量与质上的可变幻性，按照一定的规律去组合各构成之间的相互关系，再创造出新的色彩效果的过程。

色彩构成是现代设计的基础理论体系之一，发展至今已成为现代色彩艺术发展的精神源泉，由于错综复杂的社会因素影响，这种被国外数十年教学实践和设计活动充分证明行之有效的科学色彩理论体系，直至 20 世纪 80 年代初期才传入我国。

2. 色彩构成的内容

构成就是为了一定的目的要求将视觉元素按照一定的美学规律，搭配组合成新的视觉形象。而色彩构成就是在正确的色彩原理指导下，利用不同的色彩元素组合传达情感，构造具有一定情感氛围的色彩效果。

色彩构成理论包括以下几点。

（1）色彩物理学。光和色彩的生成和关系，包括色彩的产生，色光的混合，光谱等。

（2）色彩化学。染色和颜料的性能。

（3）色彩生理学。光色对人的眼睛和大脑所起的各种作用。

（4）色彩心理学。色彩令人产生的心理想象包括色彩形成的象征力，主观感知力和色彩辨别力等。

（5）色彩设计学。色彩的对比、调和等配色方法。

全面了解色彩的各个性质便于人们从本质上整体把握色彩，才能创造出优秀的色彩搭配作品。

3. 色彩构成的作用

色彩构成是从人对色彩的知觉效应出发，运用科学的原理与艺术形式美相结合的法则，发挥人的主观能动性和抽象思维，利用色彩在空间、量与质的可变换性，对色彩进行以基本元素为单位的多层面多角度的组合、配置，并创造出理想、新颖与审美的设计色彩。

伟大的瑞士色彩学家伊顿说过"如果你能在不知不觉创造出色彩杰作来，那么你没必要知道色彩知识，但是，如果你不能在没有色彩知识的情况下创造出杰作来，你就应当去寻求色彩知识。"

通过对色彩构成系统的学习可以帮助人们掌握色彩美的实质及其组合原理，且拓宽自身的色彩视野，提高艺术修养，及形成科学的色彩设计思路。但是理论是需要实践检验的，设计者决不能将所有理论都看成是解决一切色彩问题的灵丹妙药，而是学习一种思考创作色彩美的逻辑和方法。

2.2 色彩的组合形式与构成法则

学习色彩的目的就是为了认识色彩，掌握色彩规律，最后能够驾驭色彩，为设计增添上美丽的色彩效果，用丰富的色彩变化来感染观者。任何事物都不是孤立存在的，它们相互之间或与环境之间都是相互影响的，因此必须在掌握有关色彩的规律和组合的方式及构成原则的基础上，才可以更好地使用色彩。色彩世界是千变万化的，但也不是无规律可循的，这里将总结一些色彩构成的法则，来指导人们使用色彩。

2.2.1 色彩的组合形式

设计过程中，往往要涉及多种色彩的配合，这就需要设计者处理好色彩之间的关系，处理好色彩的组合形式，使之更好地为设计主题服务。色彩的组合就是将不同的色彩按照美学原理放置在一起组成一个色彩整体，并通过这个色彩整体表达设计意图。色彩的组合形式也可以说是色彩的编排形式，总结来说，色彩的组合形式主要有两种：自由组合与规律性组合。自由组合就是按照设计意图将色彩自由的摆放在一起；规律性组合就是按照一定规律将不同的色彩摆放在一起。规律性组合又可分为色彩的推移和空间混合，下面主要介绍色彩的规律性组合形式。

1. 色彩的推移

推移作为动词解释就是移动、变化或发展，作为名词解释就是变化后所留下的轨迹。色彩推移就是色彩的规律性变化过程或规律性变化轨迹。实质上是色彩的过渡，就是色彩由一个位置过渡到另一个位置所留下的轨迹。色彩推移作为一种色彩的组合形式就是按照色彩的过渡规律将不同的色彩有规律的排列在一起。

如由红到黄，在这个轨迹中由红到黄要经过橙色，因此它的这个推移就是红、橙、黄这样的一个过渡效果，在两种色彩中安排的过渡色彩多少所形成的效果也有所不同，或刺激或柔和，如图2.30～图2.32所示。

由于色彩的属性（三要素：色相、明度、纯度）不同，可以形成不同的色彩推移规律。因此色彩推移可以分为3种类型即色相推移、明度推移、纯度推移。

1）色相推移

色相推移就是由一个色相过渡到另一个色相。由于在色相环上色相之间的距离不同，因此会形成不同的过渡效果。

（1）类似色相系列推移：色相环上间隔60°以内的颜色，色相之间含有共同色素，因此将这类色彩称为类似色。由类似色过渡形成的渐变关系称为类似色系列推移，如图2.33～图2.35所示。

（2）对比色相系列推移：色相环上一种色彩与之间隔 120°～170° 范围内的色彩色相之间差异明显，因此将这类色彩称为对比色。由对比色产生的过渡称为对比色相系列推移，如图 2.36～图 2.38 所示。

（3）互补色相系列推移：色相环上相差 180° 的两种颜色之间色相差异最为明显，因此称为互补色。一种色彩与之补色之间形成的过渡称为互补色相系列推移。这是一种特殊的推移，因为这种推移有两个方向，所以会形成两种不同的渐变效果，如图 2.39、图 2.40 所示。

（4）全色相的推移：也就是在 360° 范围内色相的过渡，如：红—黄—绿—青—紫的渐变，如图 2.41 所示。

2）明度推移

颜色由深到浅或由浅到深的变化过程，即在色相相同的情况下明度由一个高度到另一个高度的变化过程，为明度推移，如图 2.42～图 2.44 所示。

人们最大辨别明度变化的能力可以达到 200 个明度台阶，普通实用的明度推移大都定在 9 级左右，如果只有黑白两色的明度推移就是一个由黑到白或由白到黑过程所留下的轨迹，故在 PhotoShop 中灰度模式就是由黑到白在二者之间形成 256 个色阶。

特别提示

明度推移可以体现物体的立体感（或空间感），因此使用单一的色彩时可以利用明度推移来产生变化，形成美的形象。

在明度推移时应考虑台阶的变化（这里的变化主要指用色和数量），如表现大海，就应选择相应的蓝色色相，之后再进行明度变化。在推移时还应考虑多层台阶的形状、大小、位置、方向的变化，使之能够在形状上更好地为设计主题服务，如图 2.45～图 2.47 所示。

3）纯度推移

纯度推移就是颜色由灰向艳，或由艳向灰转变时所形成的色阶变化，如图 2.48～图 2.50 所示。

纯度变化也非常适合表现空间感。

在纯度推移时也应注意台阶的变化（色彩、数量、形状、大小、方向、位置等），如图 2.51～图 2.53 所示。

2. 空间混合

将不同的颜色并置在一起，当它们在视网膜上的投影小到一定程度时，这些不同的颜色刺激就会同时作用到视网膜上非常邻近部位的感光细胞，以致眼睛很难将它们独立地分辨出来，就会在视觉中产生色彩的混合，这种混合称空间混合，又称并置混合。

特别提示

空间混合与加色混合和减色混合的不同点在于其颜色本身并没有真正混合（加色混合与减色混合都是在色彩先完成混合以后，再由眼睛看到），但它必须借助一定的空间距离来完成，如图 2.54～图 2.56 所示。

1）空间混合的机理

空间混合的效果取决于以下 3 个方面。

（1）色形状的机理，即用来并置的基本形，如小色点（圆或方形）、色线、方格、不规则形等。这种排列越有序，形越细、越小，混合的效果越单纯。否则，混合色会杂乱、眩目，没有形象感。

（2）取决于并置色彩之间的强度，对比越强，空间混合的效果往往越不明显。

（3）观者距离的远近，空间混合制作的画面，近看色点清晰，但是没什么形象感，只有在特定的距离以外才能获得明确的色调和图形。

2）空间混合的规律

如果把补色关系的色彩按一定比例进行空间混合，就可以看到无彩色系的灰和有彩色系的灰。

有彩色系与无彩色系的颜色进行空间混合时，也会产生两种色的中间色，即空间混合可以改变色彩的纯度和明度。

色相上相近两色进行空间混合时，也会产生两色的中间色，如红与黄并置达到一定距离时可以混合成橙色。

空间混合后产生的颜色的明度相当于混合前颜色的中间明度。

3）空间混合的作用

空间混合可以使色彩丰富、响亮、强烈。在使用色彩或颜料进行创作或设计时，不可能什么色彩都有，这就需要混合调配出自己需要的色彩，通过前面所学的知识可知只要有色彩的混合，就会影响到色彩的明度和纯度。如果想在不影响色彩本质的前提下，调配出想要的色彩就可以利用空间混合的原理来实现。

2.2.2 色彩的构成法则

设计中任何对色彩的运用都是有一定目的性的，色彩的美感是达成目的的条件之一，而要完全达到设计意图，对于这些美的色彩搭配，单靠研究色彩的组合形式来实现是不够的，还需着重研究将这些色彩如何安置在一个完整的画面上的原则。常用的色彩构成法则主要有以下几种。

1. 均衡法则

色彩的均衡指构成画面的两种或两种以上的色彩所形成的一种视觉及心理上的平衡感、稳定感。这种平衡有别于天平上重量的绝对平衡，而是色彩在感觉上的有生命、有律动、有呼应的动态平衡。

在色彩构成上追求均衡的效果，与色彩的许多特性的利用有着很大的关系，例如色相的比较，明度的高低，面积的大小，位置的远近，调子的轻重都是能够在预设的变化条件中，求得均衡的主要条件，如图 2.57 所示。

2. 律动法则

律动在音乐术语中称为节奏，是作品的生命力。律动的特性是有动感、有方向性、有组织性。律动的产生可以通过色彩的强弱、轻重、冷暖进退等特性表现出来。一幅具有良好配色效果的作品，必须以律动感诱使人随着它的节奏，进入其营造的完美意境中，这便是律动，如图 2.58 所示。

3. 强调法则

一段戏剧必然有一位主角来展开情节，再辅以配角来丰富情节的内涵和张力。同样的道理，一幅画面，也必然有一个重心所在，这个重心是最能引起注意、最具强烈暗示作用的主题，而其余的部分便是使主题更明确的副题或陪衬背景。主题的表现是一幅画面的精神所在，借此来领导整体，其他的背景只是针对主题而设的陪衬，背景不可喧宾夺主，无所适从，主题是否分明，对于一幅画面十分重要。

处理主从的方法，主体形象除了占主要位置外，色彩较为鲜明，笔触结构较为严谨、姿态、气势较为突出，分量较重，而背景较简单、朦胧。如此可产生强烈对比的反衬效果，使主体明显起来，整个结构便能在复杂中求得统一，变化中求得强调。图 2.59 用黑色线框突出、强调主题。

4. 渐进和晕退法则

渐进和晕退又可称为脉络性延展，就像一首交响曲的创作一样，先由创意发展出一般曲子的基本旋律，然后循着动机再向前发展，进入一个乐句，再发展，每一个乐句都呈现前后相接的连贯性特点，或展延，或反复，或变奏，或强调，一直到整个旋律进入最高潮，引着听众的情绪进入激昂、亢奋的境界，然后乐曲才戛然而止，在余兴未尽的感受中结束，这种进展的情形称为渐进或晕退。

特 别 提 示

渐进和晕退是一种特殊的法则，它是利用色彩渐层或晕色的方法来协调画面上色彩关系的构成法则。

渐进是将色彩的纯度、明度、色相等作按比例的次第变化，使色彩呈现一系列的秩序性延展，呈现出流动性的韵律美感，感觉轻柔而典雅。晕退则是把色彩的浓度、明度、纯度或色相作均匀的晕染而推进色彩的变化与渐进有异曲同工的作用，如图 2.60～图 2.62 所示。

5. 反复法则

将同样的色彩重复使用，以达到强调和加深印象的作用，称为反复。

反复的法则是要不停地重复，使画面的表达力加强，使该色彩所要表达的意义进入观者心中，达到加深印象的效果。

反复的方法，可以是单一色彩的反复，也可以是组合方式或系统方式变化的反复，以避免画面陷于单调、生硬的情形。图 2.63 为红色、蓝色的反复，具有强烈的色彩印象。

6. 比例法则

比例指同一画面之内，各部分色彩之间的量的关系。如多少、大小、高低、内外、上下、左右等，都保持着一定数量的比。如长方形的长与宽，当它构成黄金分割的比例关系时，便会产生出一种舒服、顺眼的美感。在色彩的构成中，如色彩的明度、纯度、色相等作适当的比例，搭配出所需要的效果来，这便形成具有色彩比例美的效果，如图 2.64 所示。

7. 间隔的法则

间隔的法则是用低纯度色彩或无彩色去调整画面色彩关系的构成方法。通过间隔，可使对比强烈的色彩或含混不清的色彩变得柔和或醒目，以达到加强或协调画面的作用。图 2.65 用无彩色系的黑色和白色间隔画面起到了柔和画面的作用，同时也表现出画面的主题。

8. 流行的法则

流行是一种时间性和时代性的产物，它体现的是一段时间内人们的喜好和风尚，如把它运用在色彩上，便是人们在某一段时间内对某一色彩或某些色彩的一种倾向性追求，称为流行色。

流行色对于现代设计是十分敏感的，它不但体现于一种色相的选择，同时对于色彩的搭配也有一定的关系，一幅与色彩流行倾向相吻合的色彩画面，必然体现出一种现代感和时代精神。

2.3 色彩的美学原理

视觉形象设计者研究色彩的核心，就是为了探求如何通过对画面色彩的合理搭配而昭示出色彩之美。前人曾有"色彩先于形象"之说，色彩的搭配更是色彩使用的基础。在美的创作过程中，尽管色彩构成的形式多样，但它们最终都会体现出以和谐为特征的两种共同的形式美倾向，即对比与调和。这是一切艺术发生、发展的根本条件，是构成色彩美的最基本的内在规律。

对比与调和是相互依存的，割舍任何一方都会影响美的产生，在构成色彩美时它们发挥着各自的作用，所以若想充分地认识和把握色彩美的原理，必须先弄清对比和调和与色彩的各种搭配方式。

2.3.1 色彩对比理论

1. 色彩对比的概念

色彩对比是指两种或两种以上的色彩并置时，因各自的性质不同而呈现出的色彩差别现象。对比的最大特征就是产生比较作用，甚至发生错觉。在设计中，色彩诱人的魅力，常常在于色彩对比因素的妙用，特别是视觉传达设计，更是应注意通过强调色彩对比来提高设计的注目程度。

色彩间差别的大小，决定着对比的强弱，所以说差别是对比的关键。如果用对比的眼光来看色彩世界，就会发现世界上的色彩是千差万别、丰富多彩的。虽然色彩差别的种类繁多，但归纳起来可分为，以色相差别为主的色相对比，以明度差别为主的明度对比，以纯度差别为主的纯度对比，以冷暖差别为主的冷暖对比，以上种种对比都会因为差别大而形成强对比，因差别小而形成弱对比，因差别适中而形成中等对比，每一个色彩的存在，必定具备面积、形状、位置、肌理等存在方式。因此对比的色彩之间存在面积的比例关系，位置的远近关系，形状、肌理的异同关系。这4种存在方式及关系的变化，对不同性质与不同程度的色彩对比效果，都会给予色彩非常明显的和不容忽视的独特影响。

2. 色彩对比的作用

色彩对比是把具有差异的色彩安排在一起，进行对照比较的造型设计表现手法。实质上是把色彩表现的不同概念放在一起作比较，让观者在比较中区分色彩的各自特点和变化的内涵。设计中的色彩对比手法，就是把不同色彩安置在一定条件下，使之集中在一个完整的艺术统一体中，形成相辅相成的比照和呼应关系。运用这种手法，有利于充分显示设计意图的矛盾，突出被表现设计形象的本质特征，加强设计的艺术效果和感染力。

色彩的对比是配色的主要依据，是设计意图表现的主要手段。处理好色彩的对比关系可以使概念表达更加明确，可以更为直接地增强画面的表现力，色彩对比还可以改变颜色的色相、明度和纯度等属性。所以在使用色彩时可以通过一种色彩去影响另一种色彩，如一滴红墨水滴落在黑衣服上，不易被发现，如果滴落在白衣服上则很容易看见。

3. 色彩对比的分类

致使色彩产生差异的因素很多，导致色彩对比分类的依据有所不同。由于强调差异的出发点不同，色彩对比关系表现的内容便有所不同，因此在设计中采用比较方式的配色有很多种形式，具体见表2-2。

表2-2　色彩对比的分类

标　准	类　别
依据色彩的属性的差异	色相对比、明度对比、纯度对比
依据色彩在画面上的存在状况的差异	形状对比、面积对比、位置对比、虚实对比等
依据色彩的生理与心理效应方面的差异	冷暖对比、轻重对比、动静对比、胀缩对比、进退对比、新旧对比等
依据色彩在画面上存在的数量差异	双色对比、三色对比、多色等对比等
依据色彩对比的时空状态差异	同时对比、连续对比等

色彩对比的种类众多，本小节介绍在设计中最为常用的对比形式及其形成的肌理、特点和作用，以便为设计者所用。

1）色相的对比

色彩的色相对比是将两个或两个以上不同色相的色彩并置在一起，由其产生的色相差异而形成的对比现象。建立色相对比关系时为了避免明度和彩度的干扰，最好用色彩纯度较高的色相并置，才能达到较明显的对比效果，如图2.66～图2.68所示。

在色相环上由于各种色相距离的远近不同，会产生不同的对比效果，所形成对比的强弱也不一样。一般来说：同类色、邻近色、类似色形成的对比关系是色相对比中的弱对比；

中差色（或中间色）形成的对比关系是色相对比中的中对比；对比色形成的比较关心是色相对比中的强对比；互补色形成的比较关心是色相对比中的超强对比。具体见表2-3。

表2-3　色相对比的种类及特点

种类	定　义	特　　点
同类色对比	同类色是在色相环上相差5～15°的两种色相。由同类色产生的色相对比现象，称为同类色对比	这种色相的同一，不是各种色相的对比因素，而是色相调和的因素，是把对比中的各色统一起来的纽带。因此，这样的色相对比，色相感就显得单纯、柔和、协调，无论总的色相倾向是否鲜明，调子都很容易统一调和。同类色只有明度、纯度的差异，因此它们的对比效果比较弱。由于是同类色，所以组合在一起有雅致且统一的效果，对比变化细腻，但容易单调乏味，因此在使用这种对比效果时应注意明度、纯度的变化，加强使用无彩色系的黑白调节作用，以此取得良好的效果，如图2.69～图2.71所示
邻近色对比	邻近色是在色相环上相差15～30°的两种色相。由邻近色产生的对比现象称为邻近色对比	邻近色相对比的色相感，要比同类色相对比明显、丰富、活泼，可稍稍弥补同类色相对比的不足，但不能保持统一、协调、单纯、雅致、柔和、耐看等优点。当各种类型的色相对比的色混放在一起时，同类色相及邻近色相对比，均能保持其明确的色相倾向与统一的色相特征。这种效果则显得更鲜明，更完整，更容易被看见，如图2.72～图2.74所示
类似色对比	类似色是在色相环上相差30～45°的两种色相。由类似色产生的色相对比现象称为类似色对比	这类色相之间含有共同色素，所以可以保持色相整体的统一，各自又十分的单纯，所以这种对比有柔和、雅致、含蓄、耐看的特点，但应注意它们的明度、纯度的变化，如图2.75～图2.77所示
中差色对比	中差色（中间色）是在色相环上相差90°的两种色相。由中差色产生的对比现象称为中差色对比	中差色对比在视觉上有很大的配色张力效果，是非常个性化的配色方式。它的色彩对比效果比较明快，是深受人们喜爱的配色，如图2.78～图2.80所示
对比色对比	对比色是在色相环上相差90～120°的两种色相。由对比色产生的对比现象称为对比色对比	对比色对比可以产生鲜明、强烈、饱满、丰富的效果，容易使人兴奋、激动，同时也会造成视觉及精神的疲劳。这类对比的组织比较复杂，统一的工作也比较难做。它不容易单调，而容易产生杂乱和过分刺激，造成倾向性不强，缺乏鲜明的个性，如图2.81～图2.83所示
互补色对比	互补色是在色相环上相差180°两种色相。由互补色对比产生的对比现象称为互补色对比	这种对比是全色相对比中最强烈、最饱满、最充实的一种，它让色彩达到了最大的鲜明程度，并且极大地提高了色彩相互作用的程度。这种对比容易产生不安定、不协调、过分刺激，有一种幼稚、原始的和粗俗的感觉，如图2.84～图2.85所示

2）明度的对比

色彩的明度对比是将两个或两个以上的不同明度的色彩并置在一起所产生的色彩明暗程度的对比，也称黑白对比。

明度对比会产生明色变得更亮，暗色变得更暗的对比效果。色彩的层次和空间关系主要是依靠明度对比来体现。由于光线是色彩的主要来源，因此，明度对比和其他任何对比形式比较，都是最强烈的。数据显示，明度对比的效果要比色相和纯度对比的效果强 3 倍以上，所以，一个画面上如果只有色相对比和纯度对比，而没有明度对比，画面内容就难以辨别，如图 2.87～图 2.89 所示。

色彩明度对比的强弱取决于色彩的明度差别。依据孟氏色立体，如果把一个色彩的明度从近乎白色的最亮者到近乎黑色的最暗者分 9 个明度色阶，则可得到 3 组不同明度对比的色彩，具体见表 2-4。

表 2-4　明度对比的种类及特点

种类	明度色阶差	特　　点
明度弱对比	1～3 个色阶	光感弱、不明朗、模糊不清，会产生朴素、丰富、迟钝、安静、寂寞、含蓄、模糊的视觉效果，如图 2.90～图 2.92 所示
明度中对比	4～6 个色阶	明确、锐利、清晰。可以产生明确、爽快、平凡、稳重等视觉效果，如图 2.93～图 2.95 所示
明度强对比	7～9 个色阶	强烈、生硬、目眩、空旷。可以产生强烈、刺激、明朗、纯洁、活泼、高贵、轻盈、柔软等视觉效果，如图 2.96～图 2.98 所示

明度对比的试验是用相同明度的灰色当作检查色，分别置于黑色块面上及白色块面上，就会产生黑色背景上的灰色看起来较亮，白色背景中的灰色看起来较暗。若以中明度的灰色与黑色邻接，另一边与白色邻接，则会产生靠近白色部分的灰色区域较暗，靠近黑色的灰色区域较亮，这种现象称为边沿对比。

有彩色与无彩色的明度对比，灰色包围中的有彩色显得较暗，黑色包围中的有彩色显得较明亮。有彩色的明度对比，容易被彩度所混淆，所以处理时应特别谨慎。

3）纯度的对比

色彩的纯度对比是将两个或两个以上的不同纯度的色彩并置在一起所产生的色彩鲜艳或灰浊感的对比。由纯度对比所产生的结果必然呈现出鲜明的色彩更鲜明，灰浊的色彩更灰浊，如图 2.99～图 2.101 所示。

通过实验测定，太阳光谱中各色相的纯度值是不同的，由此可知要想使众色相统一在一个纯度等级尺度中是不切实际的，所以，可以把每个色相的纯度都归纳为 10 个标准等级的纯度色阶序列。把接近无彩色灰的色相纯度定义为 0 级，把最饱和的色相定义为 9 级。由此可以定义出 3 个不同的纯度对比：纯度的弱对比、纯度的中对比、纯度的强对比。见表 2-5 所示。

表 2-5　纯度对比的种类及特点

种　　类	纯度差异	特　　点
纯度的弱对比	0～3 级	视觉舒适、可视度低、形象暧昧、层次感差，传达着隐晦、浅薄、内向、无为、虚伪、消极等象征寓意，如图 2.102～图 2.104 所示
纯度的中对比	4～6 级	刺激适中、视觉柔和、形象含蓄，色调在统一中见变化，给人典雅、自然、温和、中庸、平凡等的心理启迪。这种调性也是日常生活和艺术创作中最为普遍的色彩关系，如图 2.105～图 2.107 所示

种　　类	纯度差异	特　　点
纯度的强对比	7～9级	刺激性大、可视度高、层次感强，对比效果显著。如鲜艳色更加鲜艳，灰暗色更加灰暗。画面给人生动、响亮、活泼、冲动等的视觉体验。若表现适宜，能够充分展示出虚实相生、跌宕起伏的造型意趣，如图2.108～图2.110所示

4）冷暖的对比

色彩的冷暖对比是指由于色彩感觉的冷暖倾向性差异产生的比较关系。色彩的冷暖只是人们的一种心理感受，而不是色彩本身的物理特性。

（1）冷暖对比产生的肌理。

色彩的冷暖感受是心理效应，产生色彩冷暖感受的根源是人们的生活经验，当人们看见红色、橙色、黄色等色彩，很容易想到火、太阳等自然事物，便会产生热的心理效应，这就给红、橙、黄等色彩添加了暖的特性。如果人们看到的是蓝色、青色等色彩，便会联想到大海、天空、冰雪、月夜等凉爽的事物，便会产生冷的心理效应，因此在看到这些色彩时就会有冷的感觉。

红、橙、黄等色彩，会刺激副交感神经使血液循环加速，身体不由自主地热起来，明显地予人温暖之感，所以将这些色彩称为暖色。青色、蓝色会使血液循环降低，身体产生凉爽、寒冷的感觉，所以将这类色彩称为冷色。绿色和紫色兼有冷暖的感觉，所以将这类色彩称为中性色。如绿色与黄色对比，绿色会表现出偏冷的感觉；将绿色与蓝色对比则表现出偏暖的感觉。

（2）冷暖对比的作用及使用技巧。

色彩的冷暖倾向性会使色彩产生不同的心理效应。冷色会产生透明、镇静、稀薄、遥远、潮湿、冷静、轻盈的视觉感受；暖色会产生不透明、刺激、浓密、亲近、干燥、热烈、沉重等视觉感受，如图2.111～图2.113所示。

利用具有冷暖属性差异的色彩并置，产生冷暖对比的感觉作用也是活用色彩规律的一项重要技术。由于冷暖色系统本身的对立性区分很明显，因此在作冷暖对比时，最好使一方为主，另一方为副，互相陪衬，方可得到协调。冷暖对比容易因纯度及明度的对比而扰乱分析，有时冷暖对比与补色对比很相像，因此为求统一，主从及轻重的安置便很重要，整个设计的性格才能明确，如果遇上冷暖对比而兼具补色或对比色对比时，可以将其中的一色降低纯度或改变明度，成为有差距的弱色，就会达到真正的理想效果。

5）面积的对比

面积对比是指因各色域（即同一色相或近似色相的色彩的总和）在画面中所占色量的差别关系而产生的色彩对比现象。

（1）面积对比的作用。

尽管面积对色彩本身属性没有直接关系，但对画面的色彩效果会有深刻的影响。色彩的面积对比是一项非常错综复杂的视觉现象，色彩所占面积的大小，给人心理的作用也是不一样的，因此研究颜色所占面积的大小变化是十分必要的。面积的对比结果是使面积愈大的色彩，愈能充分地表现色彩的明度和纯度的真实面貌，而面积越小，越容易形成视觉上的辨别异常，如图 2.114～图 2.116 所示。

（2）控制色彩面积平衡的方法。

德国文学家歌德对色彩有深刻的研究，他发现色彩的面积与明度关系密切，如纯度的力量平衡取决与明度和面积两种因素的相互作用，又因为在色彩中明度和纯度不成正比关系，所以二者间色域面积上就不能相同。歌德设计了一个能够反映明度与纯色关系的比率，其具体纯色明度比率为

黄：橙：红：紫：蓝：绿=9：8：6：3：4：6

由此可以确定出安定而和谐的色域面积比例关系为

补色的平衡面积比例：黄：紫=1：3；橙：蓝=1：2；绿：红=1：1。

原色与原色的平衡面积比例：黄：红=1：2；黄：蓝=3：8；红：蓝=8：9；红：黄：蓝=6：3：8。

原色与间色的平衡面积比例：黄：橙=3：4；黄：绿=1：2；蓝：绿=4：3；蓝：紫=8：9。

间色与间色的平衡面积比例：橙：绿=2：3；橙：紫=4：9；绿：紫=2：3；橙：绿：紫=4：6：9。

6）同时对比

同时对比是指在同一空间、同一时间所产生的色彩对比现象。

例如，人们看在红色桌布上的绿色的日记本，或在白色桌布上的黑色日记本，或在红色桌布上的橙色日记本。在红桌布上的绿日记本，使桌布显得更红，日记本显得更绿。而在红桌布上的橙色日记本的色彩变得带黄绿味，纯度好像下降了很多。而在白桌布上的黑色日记本，显得日记本更黑，桌布显得更白。这些现象均为两邻接的色彩同时对比时所引起的现象。

同时对比特征如下。

（1）在同时对比中，两邻接的色彩彼此影响显著，尤其是边缘。

（2）两对比色彩为补色关系时，两色纯度增高显得更为鲜艳。

（3）高纯度的色彩与低纯度的色彩相邻接时，使高纯度的色显得更鲜，低纯度的色显得更灰。

（4）高明度与低明度的色彩相邻接时，使明度高色显得更高，明度低色显得更低。

（5）两不同的色相相邻接，分别把各自的补色残像加给对方。

（6）两色面积、纯度相差悬殊时，面积小的，纯度低的色彩将处于被诱导的地位，所受对方的影响大。而面积大、纯度高的色彩除在邻接的边缘有点影响外，其他基本不受影响。

（7）无彩色与有彩色之间的对比，有彩色的色相不受影响，而无彩色（黑、白、灰）有较大的变化，使无彩色向有彩色的补色变化。如：在红纸上写黑字，黑字变成了黑绿色。在纸上写灰字，灰字变成了灰绿色。

用黑底衬托各纯色，明度最高的黄色与黑底对比最强，明视度最大。其次是橙、绿、红、蓝、紫。

用白底衬托各纯色，紫色与蓝色与底色白对比强烈，要比黄、橙、红、绿的明视度大。

7）连续对比

连续对比是指在不同的画面或不同的地点，需间隔一段时间才能先后看到的两种颜色

产生的色彩对比现象。连续对比最显著的特征是对比的双方色彩具有色彩的不稳定性。视觉残像中的幻想便是连续对比的视觉作用。

当人们先看红色的地毯再看黄色的地毯（时间非常接近），发现后看的黄色地毯带绿味，这是因为眼睛把先看色彩的补色残像加到后看物体色彩上面的缘故。

如果先看的色彩明度高，后看色彩明度低，后看色彩显得明度更低。如果先看色彩明度低，后看色彩明度高，则后看色彩显得明度更高。

2.3.2 色彩调和理论

1. 色彩调和的概念

色彩与色彩的关系，犹如人与人的关系一样，依各人的个性而论，每个人都有其独立的人格，每个色彩也有其独立的色格，由此，产生了人与人、色彩与色彩的对比性。但基于家庭、种族、社会等群体关系时，一群人彼此之间又形成一种调和的关系，色彩也会因为画面和色彩的整体环境而达成一种色彩调和的关系。

色彩调和是指两种或两种以上的色彩为了达成一项共同的表现目的，有秩序、协调、和谐地组合在一起时产生的色彩关系。调和的色彩搭配可以产生愉悦、舒适的视觉感觉，如图 2.117、图 2.118 所示。

从对比的立场来看色彩，任何色彩都有其基本的相异点和冲突性。而从调和的立场来看，任何颜色没有不相配的。色彩与色彩之间的相异关系，是一种对比关系，色彩与色彩之间的相似关系，则成为一种调和关系。事实上色彩的调和具有双层含义，一方面色彩调和是一种配色美的现象，一般认为能使人愉悦、舒适的色彩关系则是调和的关系。从此观点来看，具有对比效果的配色关系，只要处理得当，也可能是调和的配色。同样，完全缺乏变化的颜色，也不能算是调和的。另一方面如果把色彩的调和作为一种处理色彩关系的手段，这时强调的则是一种完全和谐的关系，此意义的调和与对比是完全对立的，这在理解色彩时特别重要。

2. 色彩调和的作用

色彩的对比因色彩的属性而产生，色彩的调和更是依色彩的属性来完成。了解色彩调和理论可以建立色彩设计的用色技巧和配色的原则。

色彩的对比让设计者了解色彩与色彩本身的个别性，而色彩的调和才是让设计者学习驾驭色彩的真正技巧，才是画家、设计师、视觉艺术工作者使用色彩技能的最高理想。

在色彩构成中调和理论主要有两方面的含义，或者说调和理论在色彩的使用中主要解决两方面的问题：一是色彩调和可以对有明显差异或暧昧的色彩构图进行调整，使之处于协调优美的整体之中；二是色彩的调和可以将有区别的色彩合理布局，以实现美的意图。学习色彩调和的意义正在于此，就是当色彩的搭配不和谐时，用色彩的调和理论来纠正使之和谐。根据色彩调和的理论，灵活自由地构成美与和谐的色彩关系。

3. 色彩调和的原理

1）同一原则

美国色彩学家阿波特认为调和必须具有整体性的、一致性的、连贯性的性格。当两个或两个以上的色彩因差别大而非常刺激不调和的时候，增加各色的同一因素，使强烈刺激的各色逐渐缓和，增加同一的因素越多，调和感越强。这种选择同一性很强的色彩组合，或增加对比色各方的同一性，避免或削弱尖锐刺激感的对比，取得色彩调和的方法，即同一调和。如图 2.119、图 2.120 所示。

2）类似原则

阿波特还指出类似调和是两个或两个以上的近似色彩所组合成的调和。在色彩搭配中，选择性质或程度很接近的色彩组合以增强色彩调和的方法称为类似调和。

类似调和主要包括以下几种。

（1）以孟塞尔色立体为根据的类似调和：明度类似调和；色相类似调和；纯度类似调和；明度与色相类似调和；明度与纯度类似调和；色相与纯度类似调和；明度、色相、纯度均类似调和，如图 2.121 所示。

（2）以奥斯特瓦德色立体为根据的类似调和：含白量与含色量类似调和；含黑量与含色量类似调和；含色量类似调和；类似色相调和；含黑量、含白量、含色量与色相均类似调和等，如图 2.122 所示。

总结类似调和的各种形式，不难得出如下的结论，即凡在色立体上相距只有 2～3 个阶段的色彩组合，其明度、色相、纯度、含白量、含黑量、含色量的类似，都能得到调和感很强的类似调和，相距阶段越少，调和程度越高。在色立体中心地带的色彩，能与之组成类似调和的色数多，色立体表面上的色彩，能与之组成类似调和的色数少，能与纯色组成类似调和的色数最少。在秩序调和中，所有秩序中相距 2～3 个阶段的色彩都能构成类似调和。在明度对比中的高短调、中间短调、低短调，在色相对比中类似色的搭配，纯度对比中的灰弱对比、鲜弱对比、中弱对比等均能构成类似调和。

3）秩序原则

把不同明度、色相、纯度的色彩组织起来，形成渐变的，或有节奏、有韵律的色彩效果，使原来对比过分强烈刺激的色彩关系柔和起来，使本来杂乱无章的色彩因此有条理、有秩序、和谐统一起来，这个方法就称为秩序调和，如图 2.123 所示。

美国色彩学家孟塞尔强调"色彩间的关系与秩序"是构成调和的基础。德国色彩学家奥斯特瓦德认为两个以上的色彩，假使彼此能够取得合理的关系，换句话说，色彩间若有一定序列存在，就能给人舒适的快感，引起快感的配色方式就能调和。简单地说"调和等于秩序"，因此，这些色彩的关系，一定要在他的色彩体系内，在一定系统一定法则下组合。

4）色彩的调和与面积和谐原则

在观察、应用色彩的实践中，人们都会有这样的体会：面对着一大片红色时的感觉，与观看一小块红色的感觉是绝对不一样的。看一大片红色会感到很刺激，受不了，不舒服。而看一小块红色的时候，会觉得很舒服，很鲜艳，很美。但是要在大片红色上点缀些蓝、黄，或灰绿色的色块，就会舒服多了。

同样当面对一大片白色、灰色或低纯度色时，就不会产生看一大片高纯度红色那样的感觉，但也会感觉单调。如果在大面积的白色、灰色或低纯度色上放几块小面积高纯度的色彩那就更好了。

所以，通过上面的例子证明，小面积，用高纯度的色彩，大面积，用低纯度的色彩容易获得色感觉的平衡。由此看出色彩的调和与色相，明度、纯度和色彩在画面中所占面积和比例大小有关，如图 2.124 所示。

5）色彩调和与视觉生理平衡原则

满足视觉的生理平衡，互补色的搭配是极为重要的。从视觉的生理特性来看，眼睛和大脑需要中间灰色，需要全色相，需要明度适中，需要不过分模糊与过分强烈刺激的色彩搭配。如图 2.125 所示。

眼睛需要全色相，全色相主要包括：

（1）红、橙、黄、绿、蓝、紫是全色相。

（2）红、黄、蓝三原色是全色相。

（3）白色是全色相因为红、橙、黄、绿、蓝、紫色光之和为白光。

（4）黑色是全色相，因为减法混合，红、橙、黄、绿、蓝、紫相混为黑。

（5）灰色是全色相，因为黑色加白色相混为灰。

（6）每组互补色的搭配为全色相。如：红与绿即红与（黄+蓝），黄与紫即黄与（红十蓝），蓝与橙即蓝与（红+黄）。因每对互补色均含有红、黄、蓝，所以互补色的搭配均为全色相。

当人们的眼睛看黑、白、灰及互补色时，绝不会感到缺少什么。反之如果人们只看红色，从同一调和角度，红色本身所构成的红色调是相当调和的，可是眼睛看一会就觉得很累，并感到缺少什么，当人们看红又看绿的时候，累或缺点什么的感觉马上消失，而达到平衡。正如伊顿所说：眼睛对任何一种特定的色彩同时要求它相对的补色，如果这种补色还没有出现，那么眼睛会自动地将它产生出来。

伊顿又曾说过：互补色的规则是色彩和谐布局的基础，因为遵守这种规则会在视觉中建立起一种精确的平衡。

当人们做同明度不同纯度的秩序推移构成时，更会有这样的体会。如任选一种蓝色，用黑白调出一个与所选蓝色同明度的灰色，然后用这种灰色与蓝色互混使之构成同明度、不同纯度的渐变，这时就会发现纯灰色带给人橙味的感觉，变为橙灰色，与蓝色成为互补关系而使视觉达到平衡。同样红色与灰色，灰色带绿味，绿色与灰色，灰色带红味等，都必然使灰色产生带有与之相对应色的补色。这种互补关系是视觉为了取得平衡而创造出来的。因此现代派的一些绘画用色，如表现派、野兽派、后期印象派，多采用视觉平衡的方法以增加色彩的表现力，使人们接受。在装饰色彩方面，如大型的装饰画，室内布置用色，大的环境用色等都必须考虑视觉的生理平衡，以达到用色调和。

但是互补色的搭配易产生过分的强烈刺激，使之给人的感觉缺乏人情味，因此互补色的应用必须注意以下几个方面。

（1）高纯度补色对的搭配，必须要考虑双方的面积，用合理的面积比例使之调和。

（2）用分离补色的配合法使之调和。

（3）互补的两色改变其中一色的明度、纯度使之调和。

（4）互补的两色改变各自的明度纯度使之调和。

（5）互补色互混使之调和。

（6）互补色渐变使之调和。

（7）互补色的间隔使之调和。

在配色的实践中，互补色的搭配是最为重要的，因为互补色的搭配可满足视觉的生理平衡及心理满足，达到相互完结，因此互补色的搭配有很高的心理价值和审美价值，但是互补色的调和是最困难的，纵观色彩调和的所有方法，主要都是为了处理好互补色的关系。

6）色彩与形象的统一原则

色彩与形象的统一包含着色彩与具象写实形态的统一和色彩与抽象形态的统一。

【例 2-1】用色彩表现面包的时候，因为大家对面包都特别熟悉，那纯正的黄橙色，给人以香甜的感觉，但是用绿色或蓝色去画面包，那么人们就感觉不能吃，表现的不像。产生这样的感觉的原因是面包的形态与面包的色彩没有统一起来。如果用红色表现辣椒，用蓝色表现天空，就会感觉统一而调和了。再如把同样的色彩分别涂在不同的形态上观察，黄的三角形与黄的圆形，虽然都是黄色，但给人变化很大的感觉。

【例 2-1】包含着色与形的共存问题和色彩本身的形的象征性问题。

伊顿通过研究色彩与形态的关系后指出，原色红黄蓝的基本形态，应该是正方形、正三角形、圆形 3 种，因为这 3 种形态最适合清楚地表达它们的特征。

（1）正方形的特征是 4 个内角都是直角，四条边都是直角交叉，象征着物体的安定与重量，红色正符合正方形所具有的安定感，量感，清楚明确的感觉。

（2）正三角形的三等边所围绕的 3 个内角都是 60°，均为锐角，有尖锐、快速、醒目的效果，黄色的性质明亮、锐利、神经质，两者正相吻合。

（3）圆是不分离的象征，使人有温和、圆滑、轻快、富于流动性的感觉，而蓝色也使人联想到天空、大海、空气、水，有流动感与圆形相一致。橙、绿、紫间色，分别与相应的折中形吻合。

形象与色彩，在绘画中，形与色，相互补充，相互支持和合作，才能绘制出完美的物象，在设计中，物象是形与色的综合体。因此色彩与形象只有达到完美的统一，才能取得良好的配色效果，如图 2.126 所示。

7）色彩与作品内容的统一原则

作品的内容是通过造型、色彩、构图、文字等多种表现形式共同完成的，内容与形式的统一是作品成功的条件，不同的内容通过不同造型、色彩、构图、文字统一，否则就显得不调和。

不同的内容需要不同的色彩来表现，设计者研究的色彩的感情、色彩功能、色彩的对比与调和诸多方面都是研究色彩如何通过自身的表现力更好地表现作品的内容，使作品的内容与色彩能有机地结合起来，才能更好地发挥色彩的先声夺人及内在的力量。与作品内容相冲突的色彩均有可能被认为是不调和、不统一的色彩，并对作品内容产生消极作用。因此色彩与作品内容的统一，是色彩是否调和的一个重要原则，如图 2.127 所示。

8）色彩与审美需求的统一原则

配色实践证实，凡能与接受者产生共鸣的色彩搭配，接受者认为是美的，是调和的。因此色彩调和就有一个与接受者审美需求的统一问题，如图 2.128 所示。

爱美之心人皆有之，人生活在社会之中，由于国家及种族的不同，宗教及信仰的不同、生活的地理位置及自然环境的不同、文化修养的不同、年龄性别及性格气质的不同、时代

的 不同、所生活的阶层不同、经济条件的不同等，使人们产生不同的审美能力和不同的审美需求。就是同一个人，由于年龄的不同，心情的不同，所在环境的不同，对审美需求也是不一样的，因此设计者要想自己的色彩作品能够获得成功，使接受者与之产生共鸣，就必须具有针对性。由于与接受者不能产生共鸣，同样被视为是不调和的。比如生活在一望无垠绿色大草原的人们，喜欢红色，生活在沙漠地区的人，喜欢绿色，生活在闹市区的人喜欢淡雅的颜色等，这都是由于环境的不同，人们对色彩的喜好不同之故。尤其政治、宗教、风俗，对色彩的影响力更大。因此色彩的调和必须与接受者的审美需求相一致，否则同样达不到调和的效果。

9）色彩的运用与其功能的统一

色彩作用于人的视觉和心理的特性，称之为色彩的功能。因此自古就有人想把这种色彩的心理特性，应用到人类的日常生活方面，自 19 世纪后半叶开始，一直到 21 世纪初，这种研究都特别盛行，如色彩心理治疗法，色彩调节等。

色彩心理功能间接地用在改善人的色彩环境，称为色彩调节；直接地使用到主体的精神治疗方面，就称为色彩治疗或色彩诊断。色彩环境的改善包括衣、食、住、行、娱乐等方面，促使心理与周围的色彩环境彼此和谐。

【例 2-2】

(1) 在我国有着悠久历史的园林建筑如苏州园林其用色为：白墙、黑瓦、灰色的假山、红色的柱、绿色的树、碧水、翠竹、蓝天，构成了一幅高雅、鲜明、幽静的画面。使人在其环境中感到心情愉悦、高尚，色彩的运用与其功能达到了完美的统一。

(2) 医院高血压患者病房的色彩设计，在用色方面必须考虑什么样的色彩环境，有利于病人早日恢复健康，因此要多用蓝色、绿色、灰色，因为蓝色的功能有消炎、避暑降血压的作用，绿色有解除疲劳的作用。这样的用色对高血压患者及早地恢复健康是有利的。

(3) 交通信号灯的用色，红色停，绿色行，黄色注意。红色的功能给人以紧张、危险的心理，所以做停止信号最为合适。绿色的功能给人以和平、可靠、安全的心理，所以做通行信号最为合适。黄色的功能是明亮而引人注目，所以做注意信号最为合适。

【例 2-2】在用色的目的性与色彩的功能方面都达到了高度的完美与统一。同样建筑设计、商业设计、室内外环境设计、工业设计、广告设计等的用色都要与色彩本身的功能与目的性有机地结合起来，使之达到色彩运用与色彩功能的统一才能取得调和的效果，如图 2.129 所示。

通过以上色彩调和的研究可知，色彩的调和是一个非常复杂的综合性问题，在色彩对比的所有形式中，同样受调和的约束，只不过是以差别为主而已，所以色彩的对比实际是以对比为主的调和。设计者研究对比和调和的目的，实际是研究色彩的搭配，即构成，也就是说只有调和的、符合目的的色彩搭配，才是美的色彩关系，从而取得良好的色彩效果。

4. 色彩调和的方法

明确了色彩调和的原理，就不难找出色彩调和的方法。色彩调和的方法很多，归纳起来主要有混色式调和、并置式调和、间隔式调和、平衡式调和四大类。

1）混色式调和

混色调和是指在对比强烈的色彩中加入某种共同的色彩成分，使相对刺激的各种颜色逐渐缓解且融为一体的色彩调和形式。混色的方法很多，大致可以分为以下 3 种。

（1）序列式调和。在尖锐对比的两色或多色之间增加过渡色阶层次从而取得画面和谐的一种调和方式，如图 2.130～图 2.132 所示。序列式调和的特点是有条理、有节奏、有组织可以形成连续的、运动的、美妙的、色彩整体。

（2）单性式调和。在过度对比的色彩中掺入某一相同色彩成分，而使各色相互统一的调合方法。如在强劲对比的色彩中掺入黑白或灰，提高或降低明度而弱化纯度，从而促使各种色彩和睦相处的方法，如图 2.133～图 2.135 所示。具体办法见表 2-6。

表 2-6　单性式调和的方法

方　法	步　骤
混入白色调和	在强烈刺激的色彩双方混入白色减弱矛盾，混入的白色越多调和感越强
混入黑色调和	在尖锐刺激的色彩双方或多方混入黑色，使双方或多方的明度、纯度降低，对比减弱，双方混入的黑色越多，调和感越强
混入同一灰色调和	在尖锐刺激的色彩双方或多方，混入同一灰色，实则为在对比色的双方或多方同时混入白色与黑色，使之双方或多方的明度向该灰色靠拢，纯度降低，色相感削弱，双方或多方混入的灰色越多调和感越强
混入同一原色调和	在尖锐刺激的色彩双方或多方，混入同一原色，红、黄、蓝任选其一，使双方或多方的色相向混入的原色靠拢
混入同一间色调和	混入同一间色调和与双方或多方混入同一原色调和的作用一样

【例 2-3】如红与绿双方对比强烈，给人的感觉过分的刺激而不调和，如果红与绿分别混入同一原色黄，使红向黄发展为橙，使绿向黄发展为黄绿，这样橙与黄绿之间的对比要比红与绿间的对比调和多了，因为它们之间有共同的黄色，所以双方或多方混入的原色越多调和感越强。这就是混入同一原色调和的效果。

（3）补色式调和。通过在互为补色的对比色彩之间，掺入对方颜色，而获取画面调和的方法，如图 2.136～图 2.138 所示。具体有以下两种调和形式。

① 单方面掺入：在强烈刺激的色彩双方，将一色混入其中的另一色，使之增加同一性。如想得到黄与紫色的混色和谐的编排，可以在黄色不变的情况下在紫色中加入黄色，可以体现融和的效果。

② 双方互混：双方同时混入对方的颜色，使双方的色彩向对方靠拢达到调和，但在互混中要防止过灰过脏。如黄、紫混色时，可以向黄加入紫再向紫加入黄来体现融合的效果。

2）并置式调和

并置调和是指借助色彩的并置搭配的形式，收到色彩和谐效果的表达方式。也就是不将色彩混合在一起，而是将色块同时放在一起来达到调和的目的。它主要包括同一式调和与点缀式调和。

（1）同一式调和。同一式调和是指通过对具有同类色彩成分的颜色搭配实现连贯画面色的调和方法。同一式调和可以分为 3 种形式（表 2-7），如图 2.139～图 2.141 所示。

表2-7　同一式调和的多种形式

形　式	区别点	特　点
同色相调和	色相相同，明度、纯度不同	凝练、静穆，单纯
同明度调和	色相、纯度不同，明度相同	丰富，含蓄，优雅
同纯度调和	纯度一致	可得到具有韵味的色彩调和效果

（2）点缀式调和。点缀式调和是指在占有支配地位的色域中，置入与之有明显对立的辅助性色彩，形成充实与强化画面色彩关系的调和方法，如图2.142～图2.144所示。值得注意的是：点缀色应少而精，切忌多而散；整体色为艳调点缀色应为浊色，反之亦然。点缀式调和可以起到画龙点睛，升华画面的效果；缓解画面的紧张或虚弱的作用。

3）间隔式调和

间隔式调和是指在色彩构成时为弥补颜色因对比而过分刺激，或类似而过分软弱的缺陷，有意地在二者之间嵌入隔离色，从而形成连贯画面整体的调和方法。

这种方法通常用在相互排斥的强对比色彩中，在色块的周围用无彩色系的黑、白、灰或金、银等色勾勒边缘，以求得画面和谐的效果。其最大的功效就是起到化干戈为玉帛的作用。如图2.145～图2.147所示。

4）平衡式调和

平衡式调和是指被组织的色彩诸要素，在画面达到一种重力停顿状态时，而形成的色彩调和效果。

艺术造型中的"重力"并非物理学上的概念，而是视觉心理上重力形式，它对色彩要素中所容纳的形态、面积、位置等构成关系的和谐，起到了重要的协调作用。色彩的平衡式调和可以分为以下两类。

（1）对称式平衡调和。即以轴线为中心，通过两侧的色彩要素的并列重复处理，收到色力和谐的效果，如图2.147所示。

（2）均衡式平衡调和。色彩要素自由地直觉地安排在画面之上的色力和谐效果，如图2.149～图2.151所示。

2.4　色彩的心理效应

视觉器官在接受外部色彩刺激产生直觉映像的同时，也会自动地引发出对应的思维活动，诸如情绪、感情、精神及行为等，这一过程称为色彩的心理效应。人们对色彩的各种记忆、想象、判断等都是伴随着色彩心理的体验状态而形成的。因此，对于色彩心理效应的探讨应着力从构成色彩心理活动的基本方面——色彩表情、色彩联想、色彩象征入手，才能真正有助于设计者既系统又深刻地理解色彩心理现象的实质及其在艺术创作中的特殊地位与重要作用。

2.4.1　色彩的表情

在视觉艺术中，表情的特性是色彩领域中重要的研究对象之一。表情的本义是指通过面部变化表现出内心的思想和情感状态，如喜、怒、哀、乐等。在色彩心理学中，它则喻义借助同视觉经验相一致的给定有意味形式的简化色彩，来传达人们情感或精神的某种愿望。

设计者可以依靠光谱或六色色环中的红、橙、黄、绿、蓝、紫，作为解析不同色彩个性所蕴含的客观表现效果和潜在表现价值的基本内容。

1. 红色的表情特性

在可见光谱中，红色光波最长，属于积极的、扩张的、外向的暖调区域颜色。另外，不论在光谱还是在色环上，红色还是品质最纯粹的三原色之一。为此，红色对人眼刺激效用最显著、最容易引人注目，同时，也最能够使人产生心像共鸣。

通常，红色在高饱和状况时，它能够向人们传递出热烈、喜庆、吉祥、兴奋、生命、革命、庄重、激情、敬畏、残酷、危险等的心理信息。由于红色光波最长，穿透空气时形成的折射角度最小，在空气中辐射的直线距离较远，并于视网膜内侧成像等原因，致使视觉对其感应最为灵敏迅捷，于是，红色多用来表示危险的讯息，且被普遍作为停止通行的信号灯、信号牌、信号旗等的色彩标志。此外，通过光的性质可知色彩的本质就是光。光不仅是一种电磁波，而且还具有能量，能把分子激活，从而将光转换为化学能。光波长的红色光照到或反射到人体后，除了刺激眼睛产生视觉外，还会刺激脑垂体及中脑的一些部位，导致大量激素的急剧增生。这些激素在促使肌肉机能和血液循环的加速之际，也能够引起兴奋感觉及色彩心理反应。

当红色与其他色彩并置时，它又会因所处境地不同，而表露出迥然各异的表情个性。例如，深红色底上的红色颇具发挥平静和熄灭热度的效用；橙色底上的红色似乎因忧郁而黯淡得缺乏朝气；黄绿色底上的红色好像一个冒失、粗鲁的闯入者，激烈、狂妄而又不可一世；绿蓝色底上的红色，如同炽烈的火焰，具有要燃烧一切的热望与冲动；黑色底上的红色迸发出难以遏制的、超乎寻常的热情。

红色在表现过程中向明度、纯度或其他色相方面转调时，其自身的蕴意也全然不同。纯红加白淡化为粉红色，让人联想到积极的色彩内涵，如爱情、甜蜜、温和、圆满、雅致、健康、娇柔、愉快等；纯红加黑暗化为深红色，显现着消极的色彩意味，如悲伤、烦恼、苦涩、残暴、恐怖、专横、嫉妒、枯萎等；纯红加灰成浊红色，其色彩意向也多表现出精神不振的状态，如忧郁、哀伤、迷茫、徘徊、寂寥、阴森等。

2. 橙色的表情特性

在可见光谱中，橙色归类仅次于红色波长光波的暖调色彩。在色相环中，它是红与黄的中和色。橙色对视觉的刺激虽不及红色强烈，但由于其明度偏亮，所以视认性和注目性颇高。这种色彩也像红色一样，具有使人血液循环加快，肌肉机能加强的特性，而令人兴奋不安定。

橙色处于最饱和状态时，它多与光明、华丽、富裕、丰硕、成熟、甜蜜、快乐、温暖、辉煌、丰富、富贵、冲动等寓意联系在一起，并在不同文化背景的作用下给人迥然各异的心理启迪。例如，自然界中许多植物的果实，如川桔、脐橙、京柿等多为橙色，因此，这种色彩常让人感到饱满、成熟和充实。与此同时，橙色也是最能使眼睛得到温暖和快乐感情的颜色。在与橙色配合的全部色彩中，只有它的补色蓝色，才最能让橙色淋漓尽致地展示出它那响亮、迷人、快乐的个性及太阳般的光辉。

纯橙色加白淡化为浅橙色，它呈现着细腻、温馨、香甜、祥和、细致、温暖等令人舒心惬意的色彩意韵；纯橙色加黑暗化成深橙色，它显示着缄默、沉着、安定、拘谨、腐朽、悲伤等不尽相同的心灵体会；纯橙色加灰为浊橙色，它象征着灰心、衰败、没落、昏庸、迷惑等消极的精神态势。

3. 黄色的表情特性

在可见光谱中，黄色波长居中，但光感却是所有色彩中最明亮的。同橙色相比，黄色显得要轻薄、冷淡、自信一些。这主要是由其明度高、色相纯及色觉温和、可视性强的性质所决定的。

黄色具有非常宽广的象征领域。当黄色置于最鲜艳的色彩程度时，它向人们揭示出光明、纯真、活泼、轻松、智慧、任性、权势、高贵、藐视、诱惑等多种思想寓意。

黄色与其他色彩对比时，它所呈示的表情也各具魅力。如红色底上的黄色是一种欣喜的大声喧闹的颜色；橙色底上的黄色显得稚气、轻浮和缺乏诚意；红紫色底上的黄色带着褐色味的病态窘相；蓝色底上的黄色就像太阳一样温暖辉煌，然而在效果上却是生硬不调和的；白色底上的黄色使人觉得惨淡而无力；黑色底上的黄色尽展自身那种积极、强劲的表现力度。

由于黄色纯度高，明度亮，所以对它的丝毫变动都会极大地削弱黄色独享的纯净、孤傲、高贵的原色品质，并且使之面貌皆非。例如，黄色中掺入绿色或蓝色，其呈现的绿味黄，犹如硫黄色那样令人心烦意乱；黄色中加入补色紫或无彩色系的黑、灰而生成的新色，则会丧失黄色特有的光明磊落的品格，表露出卑鄙、妒忌、怀疑、背叛、失信及缺少理智的阴暗心迹；黄色加白淡化为浅黄色时，它显得苍白乏力、幼稚、虚伪等。

4. 绿色的表情特性

在可见光谱中，绿色光波恰居中央，其明视度不高，刺激性不大，故此对人的生理作用及心理反应均显得非常平静温和。在色环中，它是黄色与蓝色对等混合的中间色彩。色彩构成经验表明，要想把此色中和出稳定、均匀的正绿色，绝非轻而易举之事，而需反复调配才能有所收效。

由于人类世代生息于绿色植被环抱的大自然之中，所以对绿色的观察与感悟也最为久远而深刻。最纯正的绿色蕴涵着和平、生命、青春、希望、舒适、安逸、公正、平凡、平庸、妒忌等情感含义。

绿色的转调范围颇为广泛，当正绿色倾向蓝色并呈现出蓝绿色时，它给人冷静、凉爽、端庄、幽静、深远、酸涩的多种体会；正绿色靠近黄色而显示出黄绿色时，它富于一种新生、纯真、无邪、活力、无知的色彩效果。

绿色如果被掺和了无彩色系的黑、白、灰，其象征意义又会截然不同。如绿色加白淡化成浅绿色时，它表露出宁静、清淡、凉爽、舒畅、飘逸、轻盈。这种色彩如果运用到夏季饮料、食品包装或产品外观设计上，势必会显得极其清爽宜人。绿色加黑则暗化为深绿色，它具有沉默、安稳、刻苦、忧愁、自私等心理启示作用。绿色灰化成浊绿色时，便给人灰心、腐败、悲哀、迷惑、庸俗等的精神隐喻。

5. 蓝色的表情特性

可见光谱中，蓝色波长较短，属于收缩的、内向的冷调区域色彩。同光波长的颜色比较，它的视认性与注目性都比较虚弱。在色环中，蓝色是三原色之一，因而，其色性富有既纯正又高贵的特质。由于辽阔的天空和浩瀚的海洋均是由蓝色面貌展现的，所以古今中外的人们便对这种既亲近又遥远的色彩现象产生过无限的幻想与憧憬，就此引发出不胜枚举的色彩想象与色彩理念。

一般情况下，饱和度最高的蓝色标志着理智、深邃、博大、永恒、真理、信仰、尊严、保守、冷酷等。

蓝色与其他色彩搭配，也显示出千变万化的个性力量。例如，淡紫色底上的蓝色呈现出空虚、退缩和无能的表达意向；红橙色底上的蓝色，虽感黯淡，但色彩效果依然鲜亮迷人；黄色底上的蓝色具有沉着自信的神态；绿色底上的蓝色，因二者色性贴近，蓝色显得暧昧消极、无所作为；褐色底上的蓝色蜕变成颤动、激昂的色彩，在蓝色内力的激发下，褐色也外溢着盎然生机；黑色底上的蓝色焕发出原色独有的亮丽的色彩本质。

蓝色加白淡化成浅蓝色时，它意味着轻盈、清淡、高雅、透明、缥缈等；蓝色加黑暗化为深蓝色，其显示着沉重、悲观、朴素、静谧、孤独、幽深等；蓝色加灰而成浊蓝色，则流露出沮丧、愚拙、无知的色彩表情。

6. 紫色的表情特性

可见光谱中，紫色波长最短，同时也是色相环中最暗淡的色彩及红与蓝的中和色，其明视度和注目性最虚弱。紫色的这种物理与生理特性，常把人们的思维引导到一种深沉庄重的精神和情感境界之中。

通常，饱和度极高的紫色表现出高贵、瑞祥、庄重、虔诚、神秘、压抑、傲慢、哀悼等心理感受。

在紫色接近红色而呈红紫色时，它产生大胆、开放、娇艳、温暖、甜美的心理感觉；紫色倾斜蓝色并显现蓝紫色时，它传达出孤寂、献身、珍贵、严厉、恐惧、凶残的精神意会；紫色被淡化成浅紫色，它展示出优美、浪漫、梦幻、妩媚、羞涩、清秀、含蓄等的韵致，这种使人心醉神迷的柔和色彩极其适用于女性化妆品、内衣和闺房等的色彩设计；紫色被暗化为深紫色，它象征着愚昧、迷信、虚假、灾难、自私、消沉、哀思、痛苦等色彩蕴意；紫色被灰化为浊紫色，则代表着厌恶、忏悔、腐朽、衰败、颓废、消极、堕落等的精神状态。

特 别 提 示

除上述有彩色系的 6 种颜色外，富于典型色彩表现含义的还应包括无彩色系的黑、白、灰三色，它们的色彩意象也是各显魅力的。

7. 白色的表情特性

从光的性质来说，白色是光谱中全部色彩的总和，故有全光色之称。在自然界中，由于不存在全反射现象，故纯粹的白色也就不复存在。可是就白色颜料来讲，它明度要比其他视觉感知的色彩光度都要亮得多，因此，白色的明视度和注目性均相当高。从生理上看，这种颜色归类于能够满足视觉生理平衡要求的舒适而安静的中性色彩范畴，它与任何有彩色系的颜色混合或并置都可得到赏心悦目的色彩效果及心理感应。所以说，白色的沉默不是死亡，而是无尽的可能性。

白色固有的一尘不染的品貌特征，致使人们常能从中体会到纯洁、神圣、光明、洁净、正直、无私、空虚、缥缈等的思想暗示。

8. 黑色的表情特性

就光学与生理学的角度而论，黑色即无光时让人产生的一种色彩感觉。在有光条件下，黑色是吸收大部分色光的产物，因而其明视度和注目性均较差。虽然自然界不存在绝对的纯黑色，但在探究色彩的表现意义时，可以通过视觉感知最深的颜料黑作为展开色彩遐想的先导，并从中分析出黑色所具有的不尽相同的象征蕴意。

总体地说，阴暗而收敛的黑色与明亮而扩张的白色相比，黑色的内涵多呈现出力量、严肃、永恒、毅力、刚正、充实、忠义、意志、哀悼、黑暗、罪恶、恐惧等。

黑色在与其他色彩构成，特别是和纯度较高的色彩并置时，它能够把这些颜色衬托得既辉煌艳丽又协调统一，黑色也从中获取了自身的表现价值；可是黑色如果同较为惨淡、灰浊的色彩，如铁灰、栗棕、褐色、海军蓝等色配合时，就会显得混浊、含糊，缺少美感。黑色与任何一种鲜亮色彩混合时，都会使对方露出稳重、含蓄、沉着的表情特性，但同时也破坏了色彩的原动力，并使之消沉、郁恒。故此，应慎重调配双方色彩比例，不可小视此举的作用。

9. 灰色的表情特性

正灰色可以是黑与白对等的中和色，也可以是全色相或补色按比例的混合色。视觉乐于接受或青睐灰色，因为它属于最大限度地满足人眼对色彩明度舒适要求的中性色。从生理上讲，它是锥体细胞感光蛋白原的平均消耗量，故而，这种颜色能够使人眼体会到生理上惬意的平衡感受。由于刺激性不大，所以它的视认性及注目性相应较差，这也是灰色的缺憾之处。

在心理反应上，正灰色常给人留下柔和、平凡、谦逊、沉稳、含蓄、优雅、中庸、消极等的印象。由于灰色多为中性含义，因而有的色彩学者把它形容为处于无生殖力的状态之中的色彩。鉴于此，灰色在色彩构成中较少被单独使用，而更多是依赖邻接的颜色，发掘和外溢出自身的生命活力及色彩底蕴。如灰色与任何一种有彩色系的颜色组合时，尽管灰色毫无色相感，但在视觉生理平衡机制的协调下，灰色也能够从中性的无色彩状态中，产生一种与之恰当相应的补色残像效果，致使双方相辅相成、交映成趣。灰色在与其他饱和度高的色彩调混时，它会凭借自身所具有的平稳、成熟、老练的性格优势，迅速地控制、融化和驯服面貌张扬的纯色力量，并使它们呈现出含蓄柔润、令人玩味的奇妙色彩意象。但是，如果灰色比例过大，也会使色彩丧失原有生气，并给人心灰意冷的感受。

2.4.2 色彩的象征性

色彩的象征性，主要指人们通过客观的色彩现象表明一种概括的、抽象的、哲理的特殊思维形式或艺术表达方法。通俗地讲，由于身处不同时代、地域、民族、历史、宗教、阶层等背景中的人们对色彩的想象、需求和体会迥别，于是，赋予它的特定含义及专有表情也就各具意蕴。色彩的象征性既是历史积淀的特殊结晶，也是约定俗成的文化现象，所以，其在一定的文化环境内具有相对稳定的传承性质，并在社会行为中起到了标志与传播的双重功用。同时，又是生存在同一时空氛围中的人们共同遵循的色彩尺度。

1. 等级制度的色彩象征

以色彩标明一个人的尊卑贵贱，可以说是色彩象征的重要功能。这种独特的人文现象在人类文明发展史上不一而足。例如，在封建社会中，无论中国或外国，色彩均具有"昭名分、辨等威"的神奇效用。在中国古代，鲜艳的色彩只允许统治者使用，普通百姓只准选用青、白、黑等色。而在全部艳丽的色彩中，又独以黄色地位至尊至高。据文献记载，皇帝穿黄色袍服的惯例始于唐代，以后一直沿用到清代。古代"黄袍加身"，就意味着登基做皇帝。特别在清代，"真龙天子"的服装不仅必须是黄色的，而且这种风尚还被拓展到衣食住行相关的各个领域。

● 知 识 链 接

根据日本正史记载，推古天皇 11 年（公元 603 年）颁布了以身份的高低规定冠色及服色的诏令。在欧洲，自罗马时代起，色彩就开始逐渐具备了区别阶级的新用途。特别以倍受王侯显贵们青睐的极富高贵象征意义的紫色最为典型。为了表明自己是神灵的化身，古罗马时代的皇亲国戚们几乎垄断这种颜色达数百年。

2. 宗教信仰的色彩象征

在色彩发展史上，色彩与宗教向来有着割舍不开的关系。世界各地区、各民族中的诸多色彩准则及其习俗大多是从宗教思想或行为中获取或派生的。借用色彩表示不同的宗教观念，也是"物质文化"反映到色彩范畴中的又一种特殊方式。在对人类思想与行为产生深刻影响的世界三大宗教，即基督教、佛教、伊斯兰教中，充溢着浓郁的象征主义色彩的气息，并且风格各异，耐人寻味。

基督教信仰中，色彩作为传达万物创造者——上帝旨意的化身，而被信徒们推崇到一种无与伦比的精神境界。这种色彩象征观集中体现在教典《圣经》、彩画玻璃窗及圣职服色 3 个方面。《圣经》中描述上帝居住的天堂则闪耀着各种宝石的光辉，并是充满着紫、蓝、绿、黄、红、橙的色彩世界。这对于人世间的凡夫俗子来说，的确是一个令人神往的、极富诱惑力的理想之处。在基督教早期的美术作品中，大多选用金黄色代表上帝，如在拜占庭时期的美术作品中，圣像的金色背景和光轮都是对光的具体描绘。盛行于中世纪教堂的装饰性彩画玻璃窗，更以它对光的独特表达深化了教义宗旨。如初期彩画玻璃窗的颜色大多用不透明的灰色或茶色玻璃制成，它随太阳光的移动而展现出千变万幻的神秘色彩效果。这种效果不仅给人辉煌、耀目的视觉感受，而且使信奉者在心理上体验到上帝的存在和天堂的绚丽美好。

佛教中，金黄色和黄色昭示着乐土西天的超脱之色。为此，释迦牟尼圣祖之色为黄色，僧侣的袍服多为黄色，佛家称作金身。这都是因为黄色与金色具有超然物外、万事皆空的宗教内涵。由于宗派不同，佛教用色也各有差别。我国西藏地区的佛教徒信奉喇嘛教，其寺院及僧侣所著袍服多为偏紫的红色。这里的红色则意味着对信仰的虔诚与奉献，是一种高尚无私的颜色。

伊斯兰教典《古兰经》中，绿色被释义为永恒乐土的色彩，而将黄色看作祸害或死亡之色。在穆斯林的观念中，黑色是顺从、谦逊、端庄的标示。于是，穆族妇女外出时要头裹大块黑色披巾，以此实现伊斯兰教规所倡导的严谨、贞洁的宗教思想。

知识链接

(1) 基督教通过特定的色彩象征寓意向人们提出各种告诫。如红色代表着仁爱与殉教，白色象征着纯洁与灵魂，蓝色暗示着信念与神圣，绿色标志着永恒与希望，紫色显现高贵与权力，黑色表示着悲怆与邪恶。

(2) 基督教会里的圣职人员按级别其服色也各有差别。如教皇为白色，枢机卿为红色，主教是紫色，神甫为黑色等，都巧用色彩的形式向世人展现了基督教的象征世界。

3. 其他含义的色彩象征

色彩除了能够标明贵贱尊卑和宗教观念外，还被广泛用于人类生活所涉及的各个领域，并呈示着丰富多彩的象征意趣。

世界上有许多国家或民族保留以不同的色彩代表各种日期变更的习俗。如泰国迄今保持着通过每天更换一种不同颜色的服装体现一周不同时间的遗风古韵，星期一至星期天的服装颜色分别为黄色、粉红色、绿色、橙色、浅蓝色、红紫色、红色。在欧洲，自古就有用不同颜色表示天穹中的日月星辰与每周各天的传统。月亮与星期一由白色或银色来表示，火星与星期二用红色来象征，水星与星期三以绿色来代表，木星与星期四由紫色来喻示，金星与星期五以蓝色来象征，土星与星期六用黑色来呈现，太阳与星期日由黄色或金色来表明。美国也有以黑色、藏青色、银色、黄色、淡紫色、粉红色、青色、深绿色、橙色、茶色、紫色、红色12种颜色分别象征1~12月份的习俗等。

不同的国家、民族和组织因受政治宗旨或政治见解左右，其色彩观念亦不尽相同。有些政治群体的人们对某种色彩推崇备至，而有些群体则对之不屑一顾，甚至百般诋毁。例如，在社会主义阵营里，由于共同信仰共产主义的伟大理想，故而象征革命、觉悟、牺牲、忠诚的红色，成为全世界一切无产者最钟爱、最向往的神圣之色。红色也被用于举共产主义信念相关的活动之中，如红旗、红军、红色政权、红色苏维埃等。再如，联合国的象征色彩是天蓝色，它表达了同在一片蓝天下的人们和平共处、友好相待、共同繁荣与发展的团体意义。

2.4.3　色彩联想

视觉器官在接受外部色光刺激的同时，还会唤起大脑有关的色彩记忆痕迹，并自发地将眼前色彩与过去的视觉经验联系到一起，经过分析、比较、想象、归纳和判断等活动，形成新的情感体验或新的思想观念，这一创造性思维过程称为色彩的联想。

1.　色彩联想的决定因素

色彩联想取决于色彩的物理性质、主体感受和创作主题 3 个方面。

（1）色彩的物理性质是制约色彩联想的第一要素。一般来说，有怎样的色彩现象就会产生与之相关的色彩遐想。如人们看到橙色就会想起自然界中的火、血、太阳，而不是冰、海、月亮，因为橙色同火、血、太阳在色彩外观上较为相近，容易使人产生浅层的感性心像共鸣，并由此诱导出深层的理性思维活动，如橙色所蕴含的辉煌、壮丽、热情、温暖等意象。上述色彩联想过程很大程度上都是以橙色的客观倾向作为心理活动的切入点。

（2）色彩的主体感受是框架色彩联想的第二要素。通常情况下，色彩联想与个人的生理素质、年龄性别、气质秉性、文化修养、专业特长、政治信念等诸多因素密切相关。以橙色为例，不同年龄段的人们，对它产生的联想不论在广度还是深度上均有所差别。儿童观看橙色时，会想到香橙、柿子等具象色彩特征鲜明的东西；青年人面对橙色时，会想到热情、温暖等情感色彩特征浓郁的事物；老人注视橙色时，会想到壮丽、忍耐等精神色彩特征清晰的概念。

（3）创作主题是限定色彩联想的第 3 个要素。不同的色彩联想主题，其所需要的色彩性质不尽相同。例如，在表达一幅题材为和平寓意的色彩设计时，如选用给人充满革命、危险或暴力感受的红色布局画面，作品意象就会显得不伦不类。但是如果改为具有宁静、平安、温和内涵的绿色，必定会使画面上的形式与内容珠联璧合。

2.　色彩联想的类别

色彩的联想视创作主题不同可详分具象联想、抽象联想和共感联想 3 种类别。

1）色彩具象联想

色彩具象联想指由观看到的色彩想到客观存在的、某一直观性的具体事物颜色的色彩心理联想形式。

色彩颜料中的橙色、草绿色、湖蓝色、玫红色等都是人们凭借对橘橙、草地、湖水、玫瑰花等的具象形态固有色的联想命名的。宋代画家郭熙根据自己对不同季节天与水的变化观察印象，把它们浓缩为相应的色彩关系。如水色分别为春绿、夏碧、秋青、冬黑，天色划分为春晃、夏苍、秋净、冬黯。色彩学者伊顿也曾就此阐发过有关理论，并成为现代人研究具象联想的经典之例。伊顿在做四季色彩联想和构成中强调，春天是自然界青春焕发、生机蓬勃的季节，所以应使用明亮的色彩来表达，黄色是最接近白光的色彩，黄绿色则是它的强化，浅的粉红色和浅的蓝色调扩大并丰富了这种和谐色，黄色、粉红色和淡紫色是植物蓓蕾中常见的颜色；夏天的自然界由于具有非常丰富的形状与色彩，是获取生动充实的造型力量，因此饱和的、积极的、补色的色彩等都是组合夏季的最好选择；秋天的自然界，随着草木绿色的消失，而逐渐衰败成为阴暗的褐色和紫色；冬天是通过大地力量的收缩性活动，而展露自然界万般寂寥的消极季节，要想适宜地搭配这个季节的颜色，应注意选用能够暗示退缩、寒冷和内在的光泽及透明或稀薄的色彩种类。中西艺术家在如此悠久漫长的时空中，相继发现具象色彩联想的妙用，可见其所具有的超越历史、人种、文化等差异的普遍真实及广泛意义。

2）色彩抽象联想

色彩抽象联想是指由观看到的色彩直接想象到某种富于哲理性或抽象性逻辑概念的色彩心理联想形式。

如注视黄色，则联想到光明、智慧、傲慢、颓废等，而注视紫色则遐思到高贵、吉祥、神圣、邪恶等。多数情形下，人们对色彩的抽象联想程度是随着年龄、阅历、智力的发展而不断深化与拓展的。如未成年人多富直观的、感性的色彩具象联想能力，见到红色便想起太阳、西红柿、红帽等；成年人多具观念的、理性的色彩抽象联想优势，见到红色会想到生命、危险、革命等。

3）色彩共感联想

色彩共感联想指由色彩视觉引导出其他领域的感觉或反向的色彩心理联想形式。如看到红色想起辣味的味觉，或通过辣味的味觉想到红色等。这种联想形式也称"色彩统觉联想"。色彩共感联想除色、味可以对接联想外，还包括色听联想、色嗅联想及色触联想。

2.5　色彩构成的实际应用

学习任何一门理论与技术，其最终目的都是为了应用。从色彩构成的概念中，可以看出色彩构成是一门研究如何使用色彩的理论。色彩构成研究的实质是将色彩要素分解成视觉形象设计的基本构成要素，再根据色彩美学原理重新编排组合，塑造出新的符合设计意图的视觉形象。色彩构成在设计实践中主要解决的问题是如何处理色彩与色彩之间的关系、色彩与造型之间的关系、色彩与环境之间的关系，总结来说就是处理配色的问题。

所有的视觉形象设计都离不开对色彩问题的处理。色彩作为塑造视觉形象的最为关键性要素之一，在设计中占有举足轻重的地位。色彩构成的应用领域非常广泛，下面主要通过色彩构成在图案、建筑、园林景观等设计中的应用来揭示色彩构成的作用。

（1）色彩在图案设计中的应用，如图2.152～图2.157所示。

（2）色彩在建筑设计中的应用，如图2.158～图2.163所示。

（3）色彩在园林景观中的应用，如图2.164～图2.169所示。

综合应用案例

1．色彩的组合形式与构成法则案例

通过对案例的欣赏，分析总结各种色彩组合形式的特点，了解色彩构成法则在造型中的作用。案例如图2.170～图2.177所示。

2．色彩对比综合案例

通过对案例的欣赏，分析总结各种色彩对比的特点，掌握色彩对比理论在造型中的作用。

1）色相对比案例（图 2.178、图 2.179）

2）明度对比案例（图 2.180、图 2.181）

3）纯度对比案例（图 2.182、图 2.183）

3．色彩调和综合案例

通过对案例的欣赏，了解色彩调和的原理，分析总结各种色彩调和的特点，掌握色彩调和理论在造型中的作用。

1）混色式调和案例（图 2.184、图 2.185）

2）并置式调和案例（图 2.186、图 2.187）

3）间隔式调和案例（图 2.188、图 2.189）

4）平衡式调和案例（图 2.190、图 2.191）

4．色彩的心理效应综合案例

通过对案例的欣赏，了解色彩心理效应产生的原理，分析总结各种色彩心理效应对设计的作用，掌握色彩心理效应理论在造型中的作用。

1）色彩表情案例（图 2.192～图 2.200）

2）色彩象征案例（图 2.201～图 2.206）

3）色彩联系案例（图 2.207～图 2.215）

推荐阅读资料

[1] 王友江. 平面设计基础[M]. 北京：中国纺织出版社，2004.

[2] 王芃，曾俊. 设计基础[M]. 重庆：西南师范大学出版社，1997.

[3] 崔唯. 色彩构成[M]. 北京：中国纺织出版社，1996.

[4] 易雅琼. 色彩构成[M]. 北京：航空工业出版社，2012.

[5] 何伟民，杨儿. 构成设计[M]. 北京：中国水利水电出版社，2008.

[6] 李群英，陈天荣、汪训. 设计色彩[M]. 镇江：江苏大学出版社，2012.

习　　题

1．色彩产生的本质。

2．色彩的类别。

3．色彩的属性。

4．原色、间色、复色的概念。

5．色立体的概念及作用。

6．色彩构成的概念。

7．色彩的组合形式。

8．色彩构成的法则。

9．色彩对比的概念、作用、种类及其特点。

10．色彩调和的概念、作用、种类及其特点。

11．色彩表情、象征、联想的概念。

12．色彩心理效应在设计中发挥的作用。

综合实训

色彩的组合形式与构成法则实训

【实训目标】

掌握色彩的组合形式，了解色彩构成的法则，熟练色彩运用色彩构成法则和组合形式处理色彩关系。

【实训要求】

以色彩的色相推移、明度推移、纯度推移、空间混合为组合形式各设计一幅作品，要求规格 30cm×30cm，主题突出，立意明确，形象和色彩能够为主题服务，画面清晰整洁。

色彩的对比理论实训

【实训目标】

掌握各种色彩对比的特点，了解色彩对比的作用，熟练色彩运用色彩对比处理色彩配色关系。

【实训要求】

以色彩的色相对比、明度对比、纯度对比各设计一幅作品，要求规格 30cm×30cm，主题突出，立意明确，能够合理地运用色彩对比的原理，画面清晰整洁。

色彩的调和理论实训

【实训目标】

掌握各种色彩调和的特点，了解色彩调和的作用，熟练运用色彩调和理论处理色彩配色关系。

【实训要求】

以色彩的混色式调和、并置式调和、间隔式调和、平衡式调和各设计一幅作品，要求规格 30cm×30cm，主题突出，立意明确，能够合理地运用色彩调和的原理，画面清晰整洁。

色彩的心理效应理论实训

【实训目标】

掌握色彩心理效应形成的机理，了解色彩心理效应对设计的作用，熟练色彩运用心理效应理论处理色彩配色关系。

【实训要求】

以色彩联想和色彩象征理论为基础各设计一幅作品，要求规格 30cm×30cm，主题突出，立意明确，形象和色彩能够为主题服务，画面清晰整洁。

模块 **3**

立体造型理论

学习目标

    1．明确立体构成的概念、作用。

    2．掌握立体造型元素的特点及作用，立体造型的基本形式及造型技巧。

    3．了解立体构成理论在设计中的应用。

学习要求

能力目标	知识要点	相关实验或实训	重点
熟悉	立体构成的概念、造型元素		
掌握	立体造型的基本形式		★
理解	立体构成在设计中的应用		

3.1 立体构成的概念及特性

3.1.1 立体构成的概念

立体构成也称为空间构成，是指用一定的材料、以视觉为基础，力学为依据，将造型要素，按照一定的构成原则，组合成新的、美的形体的构成方法。

立体构成是研究空间立体形态的学科，也是研究立体造型各元素的构成法则，主要任务是揭开立体造型的基本规律，阐明立体设计的基本原理。用立体构成方法创造出来的形象，具备以实体占有空间、限定空间，并与空间一同构成新的环境、新的视觉产物的特点，如图 3.1～图 3.3 所示。因此也有人将其称为"空间艺术"。

图 3.1   图 3.2   图 3.3

立体构成的内涵主要包括以下几个方面。

（1）以点、线、面、体作为最基本的抽象形式语言来表现具体的形态。

（2）主张用几何形态等简约理性方式塑造三维立体形态。

（3）在空间环境中理解立体形态。

（4）运用材料特性、结构方法及加工工艺把握形态。

3.1.2 立体构成的特征

从立体构成创造形象的方法上分析，其特征主要包括：立体构成是一门研究在三维空间中如何将立体造型要素按照一定的原则组合成赋予个性的美的立体形态的学科；整个立体构成的过程是一个从分割到组合或组合到分割的过程，任何形态可以还原到点、线、面，而点、线、面又可以组合成任何形态；立体构成的研究对象主要包括材料形、色、质等心理效能、材料强度、加工工艺等物理效能；立体构成是对实际的空间和形体之间的关系进行研究和探讨的过程，空间的范围决定了人类活动和生存的世界，而空间却又受占据空间形体的限制，设计者要在空间里表述自己的设想，自然要创造空间里的形体；立体构成中形态与形状有着本质的区别，物体中的某个形状仅是形态的无数面向中一个面向的外廓，而形态是由无数形状构成的一个综合体。

3.1.3 立体构成的作用

立体构成是由二维平面形象进入三维立体空间的构成表现，两者既有联系又有区别。联系是：它们都是一种艺术训练，引导了解造型观念，训练抽象构成能力，培养审美观，接受严格的纪律训练；区别是：立体构成是三维的实体形态与空间形态的构成。结构上要符合力学的要求，材料也影响和丰富形式语言的表达。立体是用厚度来塑造形态，它是制作出来的。同时立体构成离不开材料、工艺、力学、美学，是艺术与科学相结合的体现。

3.2 立体造型的要素

在几何学中，把立体定义为平面进行运动的轨迹。如：一个正方形的平面，沿着一定方向进行运动，其轨迹可呈现为正方体或长方体。矩形平面以其一边为轴，进行旋转运动，其矩形的另一边，在运动中所形成的轨迹，可呈现为圆柱体的表面。一个圆形的平面以其直径为轴进行旋转运动，其轨迹即可形成球面等。除此之外，数个形体的叠加，或从一个形体中，挖切出另一个形体，都可以形成多种变化的新形体。或者，若干个小的形体相集聚，线群框架所包围的封闭空间，以及平面、曲面经过切割、折曲、压曲、拉伸或对空间的围绕封闭，也都可以形成具有三维空间的立体造型。从立体构成的概念中不难看出，立体构成是一个分割组合、组合分割的过程。任何形态都可以还原到造型的基本元素点、线、面、体。立体构成正是利用这些点、线、面、体等基本构成元素构成了各种形态。

3.2.1 立体构成的基本造型要素

1. 点

与几何学中的纯粹抽象的点不同，在立体形态构成中，点是一种表达空间位置的视觉单位，具有长度、宽度和厚度，是相对较小而集中的立体形态。点是三维空间中实实在在存在并能看得到摸得着的实体。点活泼多变，是构成一切形态的基础，具有很强的视觉引导和聚集作用。在造型活动中，点常用来表现和强调节奏，点的不同排列方式可以产生不同的力度感和空间感。图 3.4 中点创造视觉焦点，产生张力；图 3.5 中点对视线的引导；图 3.6 中点制造的空间感。

图 3.4

图 3.5

图 3.6

2. 线

几何学中线是点的运动轨迹，只表现长度和方向，无粗细之分。在立体构成中，有粗细（限定在必要的范围内）、有连续性质，能表现长度和轮廓特性的形象，便称之为"线"。线从形态上大致可分为直线和曲线。直线又包括水平线、垂直线、斜线和折线；曲线包括弧线、螺旋线、抛物线、双曲线及自由曲线。

线在立体形态的造型中具有极强的表现力，它既可以作为形态的骨架，也可以成为结构体的本身。相对于点、面和体块而言，线更具有速度与延伸感，在力量上更显轻巧。不同形态的线具有不同的性格特征。直线挺拔、刚劲，具有男性特征，显示出一种强烈的力度和强度，给人一种坚强、严肃而充满希望的感觉，如图 3.7 所示。曲线则表现出优雅、轻松、柔和、动感的女性特质，如图 3.8、图 3.9 所示。

| 图 3.7 | 图 3.8 | 图 3.9 |

3. 面

面是线的移动轨迹，也是体块的断面、表面的外在表现，它具有强烈的方向感和视觉感，能较好地表现立体构成中的肌理要素。面从空间形态上可分为平面和曲面两种。平面有规则平面和不规则平面之分，按形状也可细分为几何形、有机形和偶然形；曲面也有规则曲面和不规则曲面之分，按形状又可细分为几何曲面和自由曲面。

不同形状的面给人不同的视觉感受。规则形面基本上是在严谨的数理原则下产生的，带有理性的严谨感，具有简洁、单纯、硬朗特征，富有秩序之美，如图 3.10 所示。不规则面变化多样，富有艺术趣味，显得轻松、随意、自由，如图 3.11、图 3.12 所示。

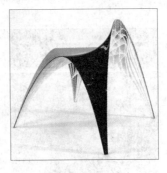

| 图 3.10 | 图 3.11 | 图 3.12 |

4. 体块

体块是由长度、宽度和厚度共同构成的三维空间。体块可以由面围合而成，也可以由面的运动形成。它可以通过视觉和触觉而感知到客观存在的实体，占有实质性的空间。

体块具备立体感、空间感和量感。大而厚的体块能表达出浑厚、稳重的感觉，小而薄的体量则体现出轻盈、漂浮之感，如图 3.13～图 3.15 所示。

图 3.13

图 3.14

图 3.15

3.2.2 量感

1. 量感的概念

立体形态的量感包括两个方面：一是物理量，二是心理量。

（1）物理量指物体的重量，它通常由体积的大小、容积的多少和材料的质量等因素决定。物理量是可以测量和把握的。

（2）心理量是指人的心理对物体重量的一种感觉，心理量的大小取决于心理判断的结果，是可以感受而无法测量的。除了受体积、容积、材料的影响，视觉上的结实感和紧张感，材质上的光滑感和粗糙感，以及色彩上的轻重感都是影响心理量大小的因素。

 **特 别 提 示** ┈┈

心理量源自物理量，是物理量到精神量的转化。

┈┈┈

2. 量感的表现

立体构成中的量感主要是指心理量，是指人的心理对形体本质的感受，它更具艺术感染力。量感的体现手法主要有以下几种。

1）创造对外力的反抗，营造张力

如三维造型中的雕塑就是通过构造三维空间中的立体，把无机无生命的材料变成富有生命特征和充满生命力的形态。生命内力所具有的对压力的挣扎、反抗，物理上的量与反抗感的结合，才能创造出震撼人心的、具有强大视觉冲击力和艺术感染力的立体造型，如图 3.16 所示。

2）创造动势

螺旋上升的形态、连续旋转的形态、上大下小的形态、有速度感的形态和有指向性的形态都能营造出强烈的动势。有动势的形态体现了力量的集聚和流动，因此具有强烈的量感，如图 3.17 所示。

　　3）创造统一感

　　形态之间恰当的距离或要素之间在材质、肌理、形态上的近似性能够使多种元素组成的形态更具有统一感，从而使形态富有力量感和视觉冲击力，如图 3.18 所示。

　　　　图 3.16　　　　　　　　　　图 3.17　　　　　　　　　　图 3.18

3.2.3　空间感

　　1. 空间感的概念

　　在立体构成中，空间分为物理空间和心理空间。物理空间为实体所限定，一般可以计量其占有的体积。心理空间没有明确的边界，它是形态对周围的扩张所形成的心理感受。立体构成中的空间感主要是指心理空间。它是人类知觉产生的直接效果，它比物理空间更具有艺术效果。空间感包括空间进深感、空间紧张感和空间流动感。

　　2. 空间感的表现

　　在立体构成中，立体形态是通过形体的起伏、穿插、凹凸等形式来表现空间感的。

　　1）创造空间进深感

　　人的透视经验一般是大的形体感觉近，小的形体感觉远；形态重叠时，被掩盖的形态显得远；形态相同时，排列间距大的显得近，间距小的显得远。这种经验会使人在观察物体时造成视觉错觉，这种错觉能够加强空间进深感，如图 3.19 所示。

　　2）创造空间紧张感

　　使形态具有脱离原有形态的倾向，或者通过形态要素的位置、数量、距离和角度等因素的变化，可以创造空间紧张感，具有空间紧张感的形态往往同时具有强烈的量感，如图 3.20 所示。

　　3）创造空间流动感

　　利用形体的起伏绵延可以制造空间的流动感，使空间充满动感和活力，丰富空间表现手段，如图 3.21 所示。

图 3.19

图 3.20

图 3.21

3.2.4 结构

1. 结构的概念

结构是指用来支撑物体或承受物体重量的一种构成方式。结构在人们的生存环境中可以说无处不在，自然生物需要一定的结构来支撑，以保持自身的形态，如图 3.22 所示。随着科学技术的发展和新材料的不断出现，人类参照大自然中科学合理的基本结构，创造出了多种多样的新颖结构，丰富了现代设计，如图 3.23 所示。

2. 结构与强度

一个科学合理的结构必定是充分利用材料的特性，并在一定的结构形式下使其发挥最大的强度。所以在形态设计中，排除材料自身的性能，结构的强度与结构形式之间有着紧密的关系，如图 3.24 所示。

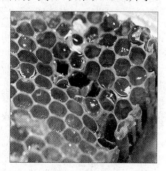

图 3.22

图 3.23

图 3.24

3. 结构的基本连接方法

结构的基本连接方法主要有滑接、钢接、铰接 3 种，见表 3-1。

表 3-1　结构的基本连接方法

类别	描　　述	特　　点	示　　例
滑接	通过物体自重和加强物体表面的摩擦而达到物体之间的相互连接	这种连接方式一般稳定性较差，当受到从侧向来的外力时，它没有太大的抵抗能力	石、砖、木材的堆积成型
钢接	通过对材料的连接点采用化学或物理的加工方法，使其产生较强的钢接点	这种结合方式不仅能抵抗来自上方的外力，也能抵抗来自左右方向及回转性质的外力	钢材之间的焊接、钢筋混凝土的铸接、塑胶材料通过胶结剂而连接成型等
铰接	是处于滑接与钢接之间的一种结合方式	铰接成型的结合部位能像铰链一样作回转运动，因此，当受到外力时，其变形情况基本上不会转移到柱体上	木材的榫接，以及其他材料的螺钉连接等均属于铰接形式

3.2.5　错视

1. 错视的概念

错视是人的知觉对客观事物的错误认识。人的知觉的任何一方面都可能出现错觉，比如听觉错觉、嗅觉错觉、运动错觉等。发生在视觉上的错觉是视觉错视，如雕塑家利用错觉变形来处理人物的比例，化妆师利用色彩错视来弥补某些缺陷和不足。巧妙地利用视觉错视，会使作品更加富有吸引力。

2. 错视的内容

1）形体错视

由于人们的视线受透视的影响，在特定的视角下，形态会发生意想不到的变化。在立体形态中，设计者可以利用形态的相互穿插，或者利用形态的特殊性，比如，材质的透明、形态局部的断开、表面色彩图案的影响等来营造特定视角形成的奇特效果，让人们的视知觉产生错视，获得迷幻的空间效果，如图 3.25 所示。

2）光影错视

由于人们习惯光线从上而下的照射，所以，反常角度的光源会造出陌生甚至相反的错觉。光线的强弱可以改变人们对形态体积的认知，特殊角度的光线和强烈的光线还会形成形体消失的效果，如图 3.26 所示。

3）运动错视

运动错视是指一个高速运动的物体看起来像静止的，而一个静止的物体却给人运动的感觉。例如，人们常说的"月亮走"就是一种运动错视。实际上，月亮的确是在运动的，但是因为遥远的距离，人类的肉眼根本不能察觉到它的移动；当人们感觉月亮在快速移动时，是因为月亮周围有大片的浮云在快速移动，此时的云彩却似乎是静止的。

3. 错视的作用

在现代设计中，利用光影、色彩、重叠、视点变动、空间进深、静止与运动等手段让错觉发挥其魅力，从而达到设计者的设计目的，如图 3.27 所示。

图 3.25

图 3.26

图 3.27

3.3 立体构成的造型形式与方法

3.3.1 线材的构成

1. 线材立体构成的概念

线材立体构成是指以纤细而轻巧的线群积聚，形成具有一定空间感而且透明或半透明的立体空间造型，如图 3.28～图 3.30 所示。

图 3.28

图 3.29

图 3.30

线材构成的特点是其本身不具有占据空间表现形体的功能。主要是通过线群的集聚，表现出面的效果，在运用各种面加以包围，形成一定封闭式的空间立体造型，这样就可以转化为空间立体。线材所包围的空间立体造型，必须借助于框架的支撑。

线材构成所表现的效果，具有半透明的形体性质。由于线群的集合线与线之间会产生一定的间距，透过这些空隙，可观察到各个不同层次的线群结构。这样便能表现出各线面层次的交错构成。这种交错构成所产生的效果，会呈现出网格的疏密变化，它具有较强的韵律感。这是线材构成空间立体造型独具的表现特点。

2. 线材的分类

线因为其粗、细、直、曲、光滑、粗糙的不同，会给人带来不同的心理感受。粗线可以产生刚强有力的感觉，而细线会产生纤小、柔弱的感觉；直线会表现出正直、刚强的感觉，而曲线则会表现出圆滑、柔和的感觉；光滑的线条有细腻、温柔的感觉，而粗糙的线条则有粗旷、古朴的感觉。因此，不同线的选择，对立体形态整体效果的表达是不同的。

线材立体构成常用的材料有钢条、铁丝、木条、丝线、尼龙线，以及玻璃棒、吸管、塑料管等，因此线材有软硬与粗细之分。

1）硬线材

硬线材是指具有一定刚性的线材。硬质线材构成就像人的骨骼，是人体的支撑，具有稳定性和无限变化的可能。

2）软线材

软质线材的材料强度较弱，没有自身支持力，柔韧性和可塑性好。软线材构成的立体看似轻巧却有较强的紧张感，如自然界中典型的软线材形态——蜘蛛网。

3. 线材的构成形式

根据线材的材料特点可以将线材的构成形式分为两大类：软质线材构成和硬质线材构成。

1）软质线材构成

（1）连续构成。线材的连续构成分为限定构成和自由构成两种形式。限定构成是由控制点运动的范围来确定其形态；自由构成是不限定范围，以连续的线做自由构成，使其产生连续的空间效果。表现对象可以是具象的，也可以是抽象的，如图3.31～图3.33所示。

图3.31

图3.32

图3.33

（2）拉伸结构。拉伸结构是指利用线材产生强反抗力的原理来制作立体造型的。使用拉伸结构时，支架和底座要牢固，能承受拉伸的力量，不会变形和晃动。拉伸结构具有较强的视觉力度感和形态美感，如图3.34～图3.36所示。

图3.34

图3.35

图3.36

（3）线织面结构。线织面是指由直线构成的曲面，如圆锥体面、圆柱体面、螺旋体面等。其中，构成曲面的直线称为母线。以基本线织面为基础，加上连接位置差异、运动方向变化等可得到变化无穷的线织面，如图3.37～图3.39所示。

  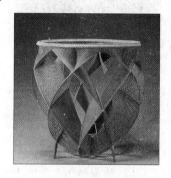

图3.37 图3.38 图3.39

（4）编结结构。编结术几乎与人类文化同步发展，在立体构成中也是一项重要的造型手法，如图3.40～图3.42所示。

图3.40 图3.41 图3.42

2）硬质线材构成

（1）累积结构。把硬线材一层层堆积起来，且可以任意改变的构造称为累积结构。与框架构造不同的是，其节点是松动的滑节，材料之间只靠接触面间的摩擦力维持形体。累积结构能承受上面的压力，若横向受力则很容易倒塌，如图3.43～图3.45所示。

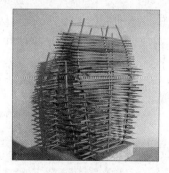 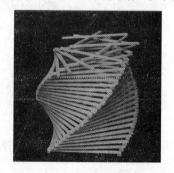 

图3.43 图3.44 图3.45

（2）线层结构。线层结构是指将硬线材按一定方向、层次有序排列而形成的具有不同节奏和韵律的空间立体形态。在线层结构中，线材可以在大小、方向、位置上进行渐变，其造型变化多端，如图 3.46～图 3.48 所示。

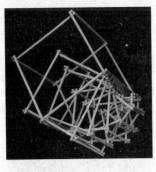
图 3.46

图 3.47

图 3.48

（3）框架结构。框架结构是通过线框的重复叠加和加减穿插进行立体造型的手法，它通常用硬质线材来完成形态。特别是在建筑设计中，建筑物的形态往往要通过框架来构造，只有找到结构的着力点和框架的结合点，才能让结构稳固，并获得理想的形态。框架结构的外观通透明晰，能够清楚地看到构造之间的结合方式和结构关系，能够体现力量的支撑和走向，具有强烈的结构美感，如图 3.49～图 3.51 所示。

图 3.49

图 3.50

图 3.51

3.3.2 面材的构成

1. 面材立体构成的概念

面材立体构成是指通过面材的堆积或重叠，塑造具有一定体量感的立体造型。

面材不仅具有面的充实之感，还具有线的方向性。在立体构成中，面材具有平整性和延伸性，在形态上具有明显的堆叠和层次感。由于观看方向不同，还可产生不同的视觉效果，如图 3.52～图 3.54 所示。

2. 面材的构成形式

面材的立体构成造型形式可分为连续性面材构成和非连续性面材构成两大类。

1）连续性面材的构成

连续性面材构成强调面材表面本身的起伏、卷曲、折叠、翻转等形态，如图 3.55～图 3.57 所示。连续性面材只使用一个单独的面，不管面形是几何形还是自由形，也不管造型是规律性的还是随意的，都能够体现出面本身的连续意义。

图 3.52

图 3.53

图 3.54

图 3.55

图 3.56

图 3.57

2）非连续性面材的构成

非连续性面材构成是指一定数量的单元形按照一定的规律进行排列、转动得到新的空间形态。这种面材造型主要是通过调整不同面材的相互位置关系（距离、接触、平行、垂直等）与相互结构关系（插接、粘接、叠压、挤压等）实现的，因此统称为非连续性面材构成。这种造型手法主要包括面的插接构成、层面排列、折叠构成、薄壳构成和几何多面体等。

（1）插接构成。插接构成是指在单元面材上切出插缝，然后互相插接，形成立体形态。插接构造易于成型，易于拆卸和加工，便于运输，能节约材料和成本，所以在现实生活应用较为广泛，如图 3.58、图 3.59 所示。

（2）层面排列。层面排列是用面材按比例有序排列组合成的形态。在层面排列中，面与面是等距离重叠排列的，以便组成块的感觉。此外，面材还可以进行大小、形状、方向等方面的渐变，以突出表现逐层渐变的排列效果。层面排列造型含蓄而巧妙，具有节奏感和韵律美感，如图 3.60 所示。

图 3.58

图 3.59

图 3.60

（3）切割折叠构成。折切造型就是对面材进行折叠、切割、翻转，以使其成为立体形态的构造方法，体现了从二维平面到三维空间的直接变化，如图3.61所示。

切割折叠翻转的面可以形成丰富的变化，现代设计中常用此方法设计出巧妙的包装和家具结构，如图3.62、图3.63所示。

图3.61　　　　　　　　　　图3.62　　　　　　　　　　图3.63

（4）薄壳构成。在立体构成中，将面材通过折曲、插接等方法加工成壳体的形态称为薄壳构造。如自然界中的蛋壳、贝壳等。在实际设计中薄壳造型常被用作大型建筑物的屋顶，如图3.64～图3.66所示。薄壳结构有球形壳体和筒形壳体两种。

图3.64　　　　　　　　　　图3.65　　　　　　　　　　图3.66

（5）几何多面体。几何多面体通常分为柏拉图式多面体和阿基米德多面体两类。

柏拉图多面体即正多面体，它由等边等角的正多角形组成，多面体的各面为重复的正多面形，连接各面的顶点，可形成正四面体、正六面体、正八面体、正十二面体和正二十面体五种，如图3.67所示。

阿基米德多面体也称等边多面体，它由两种或两种以上的正多边形组成，如图3.68所示。足球就是一个典型的阿基米德多面体，如图3.69所示。在阿基米德多面体的基本形态上再进行加工，如在面上进行挖切，折叠边线，或者对顶角进行处理，能够产生丰富的变化。

几何多面体的变异加工是指在几何多面体的基础上，采用多种加工方法对多面体的表面进行处理，如对多面体进行顶角加工、凹凸加工、表面切割和边缘处理，可以创造出丰富的立体形态，如图3.70～图3.72所示。

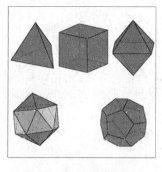

图 3.67

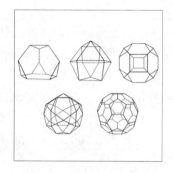

图 3.68

图 3.69

图 3.70

图 3.71

图 3.72

3.3.3 块材的构成

　　块体是立体造型中最常见的表现形式，它是具有长、宽、高的三维封闭实体。块体的空间封闭造型使其占有一定的空间和体积，并具有充实感和重量感，给人以稳定感和安全感，体现了庄严、厚重的感情色彩，如图 3.73～图 3.75 所示。

图 3.73

图 3.74

图 3.75

　　块体的构成形式主要包括单体构造和积聚构成。

1. 单体构造

　　几何形体是立体形态组成的基本单元体，也是立体造型活动中最基本的立体形态。除了几何形体外，自然界中还有很多不同的有机形态。在立体构成中，无论是对基本几何形体或其他类型的块体，都可以进行变形、加法创造、减法创造以获得不同的形态。

1）变形

块体的变形是立体形态处理的最基本方法。变形的块体改变了几何形体的刻板、冷漠和单调，丰富了形体的空间和层次，使形体产生强烈的动感，从而使形体形态更加生动并富有生命力。形体的变形方式主要有以下 4 种。

（1）扭曲。通过扭曲形体，破坏原来静态的知觉感受，可以形成强烈的张力、方向感和动势，如图 3.76 所示。

（2）膨胀。膨胀是内力对外力的冲击与对抗，具有膨胀感的形体给人以富有弹性和生命力的视觉感受，如图 3.77 所示。

（3）内凹。与膨胀相反，内凹反映的是外力对内力的挤压，或者内力自身的收缩，如图 3.78 所示。

图 3.76   图 3.77   图 3.78

（4）倾斜。倾斜使得基本形体与水平方向成一定角度，倾斜的形体产生动感和不稳定感，丰富了空间表现力，如图 3.79 所示。

2）减法创造

减法创造是指对单形体进行削减、分割，从而形成新的形态。具体方法有分裂、破坏、切割、镂空等。

（1）分裂。分裂使基本形体裂开，表现内力的运动。分裂后的形体统一中又有变化，带给人强烈的视觉冲击力，如图 3.80、图 3.81 所示。

图 3.79   图 3.80   图 3.81

（2）破坏。破坏有可能是破旧立新，也可能是对美好事物的损坏。破坏的力量来自于外力，如撞击、火烧、冲击、腐蚀等。破坏后所产生的新形态往往能产生令人震惊的力量，如图 3.82 所示。

（3）切割移位。块体的切割移位是指将基本形打散后再进行移位重新组合，以探索部分与整体之间的关系，或者将块体进行切割，来探索实体与空间之间的关系。切割移位后形成的新形态具有更强的视觉吸引力，如图 3.83 所示。

（4）镂空。镂空是探求实体与空间的关系，能够令沉重的体块产生虚空，把体块对空间的占有转化为体块对空间的连通，如图 3.84 所示。

图 3.82

图 3.83

图 3.84

3）加法创造

加法创造是指将几个简单的单体组合成新的复杂形态。组合方法有联结、堆砌、贯穿、嵌入、填充等手段。加法创造使形体更具空间感和层次感，如图 3.85～图 3.87 所示。

图 3.85

图 3.86

图 3.87

2. 块体的积聚构成

单体按照一定的形式美法则进行积聚称为块的聚合。块的聚合在本质上属于加法创造，可以是同一要素或同类要素的聚合，也可以是对比要素的聚合。块的积聚可以采用重复、渐变、发射等手段。

1）重复形、相似形的积聚

积聚中可采用相同或相似的单位形体的组合，通过不同的位置变化构成不同的空间感觉。重复形或相似形的积聚易形成具有节奏感和动感的空间造型，如图 3.88～图 3.90 所示。

2）对比形的积聚

对比形的积聚是指组成空间形态的单位形态是不同的。它可以是在形体切割的基础上进行重新组合而构成新的空间形态，也可以是相近或相似的单位形体的组合。对比的因素有形状、大小、动静、方向、疏密、粗细、轻重等。对比形的积聚要注意整体的协调性和统一性，如图 3.91～图 3.93 所示。

图 3.88

图 3.89

图 3.90

图 3.91

图 3.92

图 3.93

3.4 立体构成的实际应用

立体构成的学习目的是为进行立体造型设计打基础，最终用立体造型理论指导视觉形象设计，使设计成果能够达到科学性与艺术相融合。

立体构成教学立足于对立体造型可能性的探索，而完全不考虑造型的功能等因素。其宗旨在于讨论、研究立体造型的原理、规律和构造训练。通过对立体构成的理论学习和造型能力训练来提高、完善现代设计能力。

立体构成研究的内容是将涉及各个艺术门类之间的、相互关联的立体因素，从整个设计领域中抽取出来，专门研究它的视觉效果构成和造型特点，从而做到科学、系统、全面地掌握立体形态。在整个立体构成的训练过程中没有具体目的的条件限制。因此，每一项练习就必须从立体造型的角度去研究形态的可能性和变化性。

立体构成能为设计提供广泛的发展基础。立体构成的构思不是完全依赖于设计师的灵感，而是把灵感和严密的逻辑思维结合起来，通过逻辑推理的办法，并结合美学、工艺、材料等因素，确定最后方案。立体构成可以为设计积累大量的素材。立体构成的目的在于培养造型的感觉能力、想象能力和构成能力，在基础训练阶段，创造出来的作品可以成为今后设计的丰富素材。立体构成是包括技术、材料在内的综合训练，在立体的构成过程中，必须结合技术和材料来考虑造型的可能性。因此，作为设计者，不仅要掌握立体造型规律，而且还必须了解或掌握技术、材料等方面的知识和技能。

3.4.1 立体构成理论与建筑设计

人类初始的房屋建筑目的非常单纯，就是能够成为遮风避雨的居住之所，在结构和形式上极为简单。随着时代的变迁、材料和技术的更新与进步，人类生活方式的不断改变，建筑已不再是以单纯的居住为目的，建筑风格也随之发生变化，各具特色。同时也产生了众多的建筑设计理论，但建筑形象无一不是通过点、线、面、体等元素来表现的，从构成角度来看，这都离不开立体构成的造型原理和表现手法。图 3.94～图 3.102 为立体构成理论在建筑设计上应用的案例。

图 3.94

图 3.95

图 3.96

图 3.97

图 3.98

图 3.99

图 3.100

图 3.101

图 3.102

3.4.2 立体构成理论与室内设计

室内设计主要是营造室内环境，根据空间的功能，运用材料、技术及艺术手段创造出功能合理、舒适美观，符合人的生理、心理需求的内部空间环境。有艺术需求就需要艺术理论指导，立体构成理论在此发挥着重要的作用，如在室内空间分割、室内界面装饰、室内陈设等方面的设计都离不开构成理论的指导。图 3.103～图 3.105 为立体构成理论在室内设计上应用的案例。

图 3.103　　　　　　　　　图 3.104　　　　　　　　　图 3.105

3.4.3 立体构成理论与景观设计

这里提及的景观设计主要指室外空间环境的设计，如城市公共景观、园林景观、雕塑等。景观设计最大的功能是给人们营造一个良好的生活环境，创造艺术氛围，这便需要设计理论的支持，只要是与视觉形象有关的设计，就离不开设计的基础理论——构成，如图 3.106～图 3.108 所示。

图 3.106　　　　　　　　　图 3.107　　　　　　　　　图 3.108

3.4.4 立体构成与工业产品设计

工业产品设计主要有两个内容，一是功能设计，二是形象设计。立体构成理论和技术在工业产品设计中担负着形象设计的艺术指导。只有融科学与艺术为一体的设计才是完美的，才可以满足人们对功能和艺术的双重需求，才可以保障产品能够顺利完成商业和服务活动的使命，如图 3.109～图 3.111 所示。

设计的表现是一项十分复杂的工作，在表现设计意图和设计的具体实施过程中，单靠简单的绘画来表现是完全不够的，若想真实地表现设计内容还需要专业的更为精湛的表现技法——制图。

图 3.109

图 3.110

图 3.111

　　制图是把实物或想象的物体的形状，按一定比例和规则在平面上描绘出来的表现技术。是视觉形象设计的基本语言，是每个初学设计者必须掌握的基本技能。学习制图不仅应掌握常用制图工具的使用方法，以保证制图的质量和提高作图的效率，还必须遵照有关的制图规范进行制图，以保证制图的规范化。

　　由于设计类专业大多开设专业制图课程，故关于制图方面的技巧请参考制图图书。

综合应用案例

1. 线材立体构成应用案例（图 3.102～图 3.104）

通过对案例的欣赏总结线材构成的特点，分析其构成的形式及作用。

图 3.102

图 3.103

图 3.104

2. 面材立体构成应用案例（图 3.105～图 3.107）

通过对案例的欣赏总结面材构成的特点，分析其构成的形式及作用。

图 3.105

图 3.106

图 3.107

3. 块材立体构成应用案例（图3.108～图3.110）

通过对案例的欣赏总结块材构成的特点，分析其构成的形式及作用。

图3.108 　　　　　　图3.109 　　　　　　图3.110

推荐阅读资料

[1] 陈晓梦，李真. 立体构成[M]. 北京：航空工业出版社，2012.

[2] 王芃，曾俊. 设计基础[M]. 重庆：西南师范大学出版社，1997.

[3] 浦海涛，吴军，陈晓梦. 设计构成[M]. 北京：中国时代经济出版社，2013.

[4] 徐时程. 立体构成[M]. 北京：清华大学出版社，2007.

[5] 卢少夫. 立体构成[M]. 北京：中国美术学院出版社，1993.

习　题

1. 立体构成的概念。
2. 立体构成的作用。
3. 立体构成的要素。
4. 线材立体构成的概念及构成的形式。
5. 面材立体构成的概念及构成的形式。
6. 块材立体构成的概念及构成的形式。

综合实训

立体造型设计

【实训目标】

理解各种材料立体构成的形式，掌握材料的使用技巧。

【实训要求】

分别利用线材、面材、块材，按照立体构成形式塑造立体造型。

单元二
基础表现技法

　　设计初步是设计活动的初级阶段，实质上设计初步主要包括两部分内容，一是初步形成概念的过程，二是初步表现概念的过程。概念的形成过程被称为创意，在创意过程初步完成之后，就要对其进行初步的表现，使创意由最初的抽象概念转变为基本的视觉形象，再经过进一步的加工、修正，使设计构思成为完善的设计形象，这便是一个完整的设计过程。对于概念的初步表现，主要表现的是设计的创意和设计所涵盖的基本内容。创意表现主要表现的是设计的核心形象，要求设计者能够自如地将设计意图表现出来，这便要求设计者应具备一定的绘画表现能力。设计表现是一项十分复杂的工作，需要从多个角度对形象进行表现，因此在进行设计内容初步表现时，需要设计者具备一定的图纸表现能力。设计图纸是沟通设计者与制作者的桥梁，也是设计活动中通用的语言，图纸表现是设计者必备的技能。

　　本单元主要介绍设计的基本形象表现和图纸表现的基本技法，帮助设计初学者快速掌握造型基础表现能力。

模块 **4**

创意表现技法——设计素描

学习目标

1. 明确设计素描的概念及内涵。
2. 掌握设计素描的造型语言、艺术语言及创意形态。
3. 了解设计素描在设计中的应用。

学习要求

能力目标	知识要点	相关实验或实训	重点
熟悉	设计素描的概念及内涵		
掌握	设计素描的造型语言		★
理解	设计素描在设计中的应用		

设计素描是造型设计初步表现最为直接的方法，它是一种通过比例尺度、透视规律、三维空间观念及形体的内部结构剖析等方面，表现新的视觉传达与造型的手法。训练绘制设计预想图的能力，是表达设计意图最基本的手段。它基本上适用于一切与视觉形象设计相关的专业，画面以透视和结构剖析的准确性从客观事物的具象形态中再现形式美感。设计素描是一种现代设计的绘画表现形式，在设计过程中，是设计师收集形象资料，表现造型创意，交流设计方案的语言和手段。设计素描也是现代设计绘画的训练基础，是培养设计师形象思维和表现能力的有效方法，是认识形态、创新形态的重要途径。

4.1 设计素描的概念与内涵

4.1.1 设计素描的概念

1. 素描的概念

素描，在《不列颠百科全书》中的定义：主要以线条表现物体、人物、风景、象征符号、情感、创意或构想的艺术形式。

素描是相对于彩绘而言的，为了准确地捕捉物体的形状及意象中的形象、符号，避开物体的色彩，用单色来表现的一种绘画形式。素描绘画工具的多样性，表现对象的广泛性，是素描基本的特征。

《辞海》对素描的解释是："素描是以单色线条或块面进行造型的绘画形式"。

素描作为造型艺术的基础，除了作基本功培养和训练之外，更重要的是一种思维和研究方式，是艺术观念形成的重要过程。素描的研究随着时代的发展，正朝着多元化、专业化、实用化方向发展，设计素描在设计领域的广泛运用就是素描实用化的实例。古今中外素描表现非常丰富，如图 4.1～图 4.4 所示。

图 4.1

图 4.2

图 4.3

图 4.4

2. 设计素描的概念

设计素描是作者以设计艺术为目的，根据素描造型规律和设计要求所创造的单色形象的绘画，如图 4.5～图 4.7。设计素描是运用线条体现设计者的创作思维和艺术特征的一种表现形式，是艺术设计的基础。设计素描是专门服务于设计领域的素描技法，是以设计概念为先导的素描造型形式，以艺术设计而进行的各种素描写生和素描创作的实践活动。

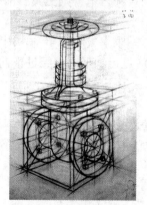

图 4.5

图 4.6

图 4.7

4.1.2 设计素描的内涵

设计素描是在绘画素描的造型理论基础上发展起来的，其表现技法吸收了绘画素描的表现经验和造型的技巧，适用于表现主体及空间设计，并能直观地反映设计形态的结构和空间关系。设计素描与绘画素描，在绘画工具、材料的选择、观察、训练的方法、透视规律的应用、结构关系的处理及线的表现方法等方面都大致相同。

（1）绘画素描属于艺术表现范畴，画面的艺术形象大多源于客观实际存在。

设计素描属于设计表现范畴，画面表现的是意象化、理想化的人为设计形态，描绘出的是一种世上没有的、全新的产品或空间关系。

（2）绘画素描的表现不受题材的限制，用艺术化的视觉形象和精神内涵震撼受众的心灵，使之产生艺术的共鸣。

设计素描的表现，要了解表现对象的功能形态、构造关系、材料性质、制造技术等因素。将设计形态描绘出来，使生产者和消费者对设计素描所表现的对象产生了解和消费的信心。

（3）绘画素描为了突出主题，增强艺术效果，经常采用夸张、变形、省略等处理方法，设计素描的表现则强调如实传达设计信息，任何超出设计本意的所谓艺术方法都是不可取的，在虚实关系的把握上，做到实则清楚，虚则存在。

（4）对于绘画素描的作品，人们重视画面表现结果，关注它的艺术效果和整体感觉的表达。

设计素描，既要关注画面的表达效果，又要重视画面形态推导的描绘过程，往往在创作过程中，产生新的创意灵感，拓展新的设计方案。

特 别 提 示

设计素描在表现设计作品的实用价值和专门作用方面，是绘画素描所不能替代的。

4.1.3 设计素描的特征

1. 设计素描的思维特征

当代的视觉艺术是一个全新的造型艺术概念，而其前沿——设计艺术，则更具有前瞻性，设计素描思维特征的独特性，有以下两个方面。

（1）设计素描强调设计思维能力的训练，引导初学者用设计的眼光去观察事物，用设计的头脑去思考想象形态，最后通过设计语言去创造"新形"，通过已知形态，经过正向、逆向思维，对视觉信息作综合处理，最后确定具有艺术美感的未来形态。它既是一种设计，也是一种创造。

（2）设计素描强调创新思维能力的训练，当今社会商业竞争激烈，包装设计、广告设计、商品造型设计能否吸引人们的视觉，创新是关键。想象是创新力的重要组成部分。想象力的培养，需要见多识广的积累和丰富的人生阅历，以及各种基础知识的帮助。

2. 设计素描的造型特征

设计素描是在二维平面上，用一定的方法描绘出具有创新意识的平面图形和三维空间感的形象。设计素描除了训练绘画素描写实的功底外，还需培养多层次、多方位的素描观察与表现能力、发现与认识构想设计能力，训练与开发创新意识。所以设计素描的造型更应注意理性的表现，注重凭推导作图，强调对形态内部、外部结构进行分析与表现。

设计素描注重物体的物质性、技术性、适用性等重要因素的表现，要考虑设计理念是否科学，理念转为制作是否可能，理念变成产品是否实用等。

设计素描在画面构图上，只强调恰当性，不是很注重画面的精神含义和审美要求。

设计素描越是向前发展，要求其特点和专业性更是紧密结合，其物质因素在提高与丰富它的造型效果及拓展它的造型范围中将起到重要作用，如图4.8～图4.10所示。

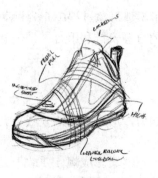

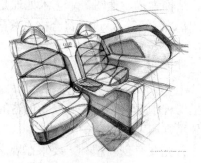

图 4.8　　　　　　　　　　　图 4.9　　　　　　　　　　　图 4.10

4.1.4　设计素描需具备的能力

设计素描是现代设计绘画的训练基础，是培养设计师形象思维和表现能力的有效方法，是认识形态、创新形态的重要途径，它基本适用于一切设计专业。

观察、思维、表现、创新及审美，是造型过程中 5 种不同性质的活动，但同时又是相互联系的整体活动。在造型过程中通过观察和思维的积极活动，形成取舍和归纳，通过手、脑、眼的协调配合，方能把心中的意向转化为生动的创新艺术形象，整个过程都离不开审美观念的支撑与指导。因此，这 5 种能力是一个有机的整体。

1. 锻炼观察能力

敏锐的视觉观察能力，有助于设计者在造型的过程中具备更加专业的判断力。

艺术的观察首先从审美的观点出发，不仅对客观的形状、色彩、空间、质感等要素形成整体性的知觉，而且要善于体会形象的意蕴，发现审美的价值。观察的方法必须从整体出发、纵观全局，形成一个特定的整体印象，然后在此基础上进行分析、判断，并寻求形象的内涵、权衡艺术的美感。从整体到局部，再从局部到整体，通过比较与分析，综合统一，就可以全面认识形象的实质，找到自己所要表现的一切。

2. 培养思维能力

分析、观察、理解、判断形象与抽象思维能力有助于设计者增强透过事物的表面探索事物内部关系的能力。

思维是人脑活动的产物，是人类区别于其他动物的主要标志，大脑的思维活动在造型过程中起着十分重要的作用，人脑整理、消化眼睛所接收到的信息，又运用储备的知识去构思形象，然后指挥手去表现。思维的能力将决定造型的方式和深度，是创造艺术形象的关键。

3. 提高表现能力

表现能力也可称作造型能力的培养，它是设计素描的核心问题，再完美的构想也要落实为纸面上的具体形象。只有培养熟练的技能技巧，才能做到对视觉形式语言和信息的有效表达。

造型的表现主要从塑造技术和艺术处理两个层面展开，塑造技术即通过一定形式手段来完成造型，包括明暗素描、结构素描、速写等。艺术处理是指塑造形象过程中充分调动造型要素（如结构、线条、明暗、空间等），进行符合构思意向的合理安排和组合排列，最终让形象产生美感、产生新意。

4. 开发创新能力

创新能力是指在设计素描课程中培养应用、开发和创造的能力，形成对未知领域自觉探索与研究的创造意识，它是思维和表现的升华。

创造一个新的艺术形象，首先要有创新精神，要求在观念上不能墨守成规，要敢于突破，在尊重独特个体内心体验基础上充分发挥想象力，推动审美意向的发展。创造性不是单凭想象而来的，而是通过苦练、精心钻研才能获得。

5. 增强审美能力

只有具备一定的艺术素养，才能对美感进行有效的把握。提高艺术修养和鉴赏水平，树立正确的审美观念，既是艺术教育的普遍要求，同时也是未来设计生涯的现实需要。

4.1.5 设计素描的工具及材料

设计素描使用的工具和材料与传统素描并没有什么大的不同，但随着当代绘画艺术观念的变革，在设计素描表现中使用新工具、新材料的探索已不可避免。

掌握绘画工具的基本性能有助于表现意图的顺利呈现。选择的工具和材料应根据画面所表现的内容特征来定。在初学阶段，应选择一些易于掌握的工具（如铅笔和炭精条等），以便于修改，在取得一定经验和技巧后，再逐步试验其他工具材料。

1. 铅笔

铅笔是最常用的素描工具之一，其使用方法比较容易掌握，笔迹易于擦除和反复修改。铅笔有硬、软之分，分别由 H 和 B 表示，同时在字母前添加数字表示软硬程度。H 前面的数值越大，表示铅笔越硬，画出的线细而淡；B 前面的数值越大，表示铅笔越软，画出的线粗而浓。

2. 炭笔、木炭条和炭精条

炭笔使用方法和铅笔相似，但较铅笔画出的线更显粗糙和浓黑，笔迹不太容易擦掉。

木炭条能产生较柔和的黑色，可通过部分擦抹产生较淡的色调，其涂擦方法跟普通的炭笔一样。但它易碎易折断，使用过程中要注意这一点。

炭精条在作画时可以竖着以其棱角对物象进行细节刻画，也可以横扫涂抹大面积的色调黑白对比强烈，但也有不易擦除笔迹的缺点。

特 别 提 示

削炭笔时容易折断，因此要小心。

3. 水性笔

钢笔、毛笔、圆珠笔、签字笔、马克笔等都属于水性用笔，这种使用液态材料的笔适合在较光滑的纸上表现，能充分展现线条的轻快和流畅性，同时也可用密集准确的线条刻画物体的细节。

4. 擦改工具

擦改工具通常有硬橡皮和可塑橡皮等。硬橡皮适合彻底清洁画面和擦出尖锐明确的边缘线；可塑橡皮是一种毅力较强的工具，适合对物体进行面积较大的修改，不至于弄破、擦伤画面，还可以表现出画面柔和的朦胧感。

5. 纸

能用于设计素描的纸很多，常用的有素描纸、绘图纸、卡纸，较粗糙的有水彩纸、水粉纸、牛皮纸、皮纹纸、有色纸及包装纸等。

纸的选用可根据表现对象和追求效果的需要来选择，不同质地的纸配合相应的作画工具能获得画面的最佳效果。这需要初学设计者在创作过程中不断实践，不断体验，才能积累经验，获得想要的效果，从而达到表现的自由。

4.2 设计素描的造型语言

4.2.1 形态结构的类型

1. 平面二维形态结构

平面几何中的线、面形态，如直线、曲线、三角形、圆形、矩形、梯形等，设计者常通过这些几何形态分析概括不规则的自然物体的形体构成关系，从而比较轻松地超脱自然物象的束缚，创作出具有形式美感和审美效应的作品。

纵览古今中外，艺术家们所创作的以线、面为主要造型语言的平面二维形态的绘画作品，极大地提高了人们对线面形态的形式和心里的感受能力。

线面构建画面主要表现如下。

（1）线、面对画面的分割，如图 4.11 所示。

（2）同一媒介材料勾画出的不同性质，不同大小的线或面，都具有不同的美感，能表达不同的情绪和情感，如图 4.12 所示。

平面二维结构形态的作品构成最基本的法则是均衡，也就是力量的对比处于相应对等状态。画面中不同的形体和图形组合在一起，会产生不同的力量流动趋势，强调整体掌握构成的关系，就是通过对画面的组织和分割，使这种趋势在视觉上达到相应平均状态，这是作品一种内在的结构美。

在平面二维结构形态作品中，作者的意象表达起着统帅作用。没有这个统帅作用，作品便成了各种造型元素的堆砌，而缺乏精神内涵和感染力。

图 4.11

图 4.12

2. 几何三维形态结构

几何体是构成一切复杂形体的基本元素。在素描学习中掌握了几何体的表现方法，就能逐渐运用几何形体的透视规律和结构法则，提高对复杂形体的抽象和概括能力。学习研究和表现几何形体的方法如下。

1）观察方法

观察方法须做到整体地看、比较地看、立体地看、概括地看、想象地看。

（1）整体地看：观察时注意关注对象总体的印象，看局部时要注意与整体的关系。

（2）比较地看：比较才会显现差别，一切对象的结构、质感、空间感只有通过对比才能得到生动的表达，比较应该贯彻到作画的整个过程。

（3）立体地看：观察时要始终以三维空间的概念来分析理解对象，从而达到立体的表现，也就是空间秩序感。

（4）概括地看：将复杂看成一系列较简单的几何体的组合，把繁杂的曲线看成是无数根直线的连接，把复杂变化的光与影，看成三面五调的组合，对象就更简单、更易理解一些。

（5）想象地看：设计素描不是机械的绘画，想象可以使画面生动、有趣，内在结构必须借助想象才能达到正确的表达。

2）观察比较手段

观察比较手段主要包括：水平线与垂直线的运用，如图 4.13 所示；斜线的延伸与穿插；轴心线测量；平面几何形的观察；中心点的利用。

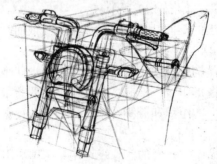

图 4.13

3）作画步骤

正确的作画步骤，从简入笔，逐步深入，始终强调整体观念，以达到培养整体造型的能力。

4.2.2 自然形态相关学科

1. 透视基本画法

立方体的透视规律，反映一切物体的透视变化规律，如图 4.14 所示。

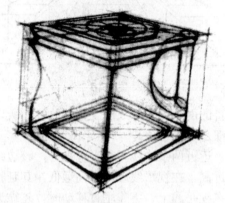

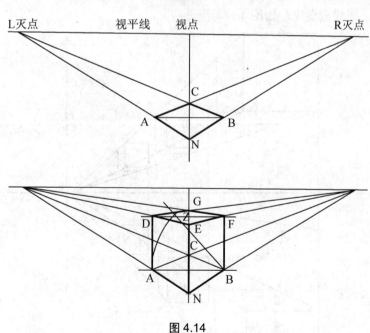

图 4.14

1）平行透视

当立方体或长方体中有一组面与画面平行，同时还有一组面与地面平行，这样的透视为平行透视。在平行透视情况下，水平线是平行于画面的直线，是原线。画出来仍然垂直、水平、有近长远短的透视变化，与画面成直角的线，是变线。画出来不平行的直线，其延长线汇聚消失于焦点。立方体的三面在平行透视情况下的状态，如图 4.15 所示。

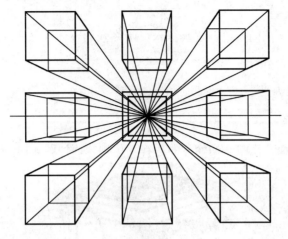

图 4.15

与画面平行与地面垂直的面，因为组成的线都是原线，所以仍为正方形并有前大后小的变化（水平线和垂直线都是近长远短），如图 4.16 所示。

一组与地面平行的面，远近两条边线与视平线平行，该边线也是近长远短。左右两条边线，在视平线以下近低远高，在视平线以上近高远低，其延长线向心点汇聚，并消失于心点。这个水平的正方形在视平线上、下作垂直移动时，越靠近视平线，图形面越窄，与视平线等高时，则成一直线，如图 4.17 所示。

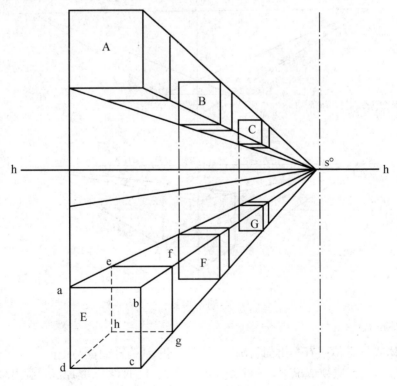

图 4.16

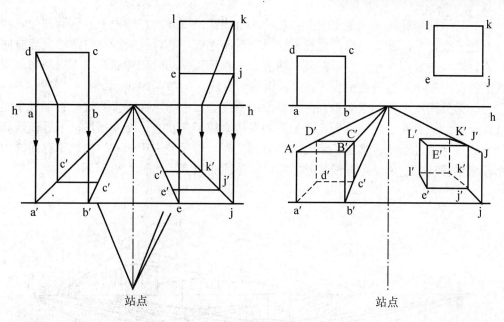

图 4.17

一组与地面垂直而与画面成直角的面，前后两条垂直于地面的线也垂直于视平线，且互相平行，只是前长后短。上下两条线，在视平线以下，近低远高，在视平线以上近高远低，其延长线向心点方向汇聚，并消失于心点。这个垂直的正方形 在视中线左右作水平移动时，越靠近视中线，图形的面越窄，与视中线重合时，则成一直线。

2）成角透视

在立方体或长方体中任何一面都不与画面平行，这种透视为成角透视。在成角透视的情况下，与地面垂直的线是平行于画面的线，是原线，画出来仍然垂直，有近长远短的透视变化；其余两组线与画面成一定角度，是变线，它们不平行，其延长线汇聚消失于余点，如图 4.18 所示。

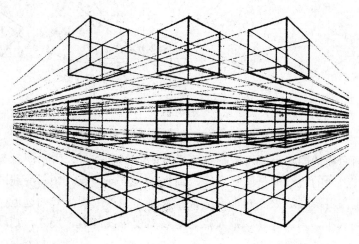

图 4.18

立方体的三面在成角透视情况下的状态有以下两种。

（1）与地面平行的面，其组成正方形的两组线都是变线。在透视中，它们都呈斜线状态，在视平线以下，近低远高，在视平线以上近高远低，其延长线往左右两个余点方向汇聚，最后消失于余点。此正方形在视平线上、下作垂直移动时，越靠近视平线图形越窄，边线的斜度也越小，当与视平线等高时，则成一直线，如图 4.19 所示。

（2）另外两组面都与地面垂直而与画面成角度。其中与地面垂直的线垂直于视平线并且互相平行，只有前长后短的变化。上下两条线则成倾斜状态，在视平线以下近低远高，在视平线以上近高远低，其延长线向余点方向汇聚，最后消失于余点。当此垂直而立的正方形作水平移动时，离余点垂线越近面越窄，越远面越宽，如图 4.20 所示。

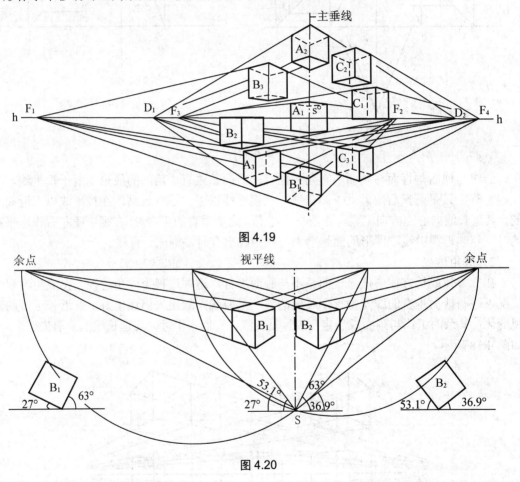

图 4.19

图 4.20

3）斜面透视

当方形与画面和地面都呈既不平行也不垂直的倾斜状态时，方形面称为斜面，此斜面即呈倾斜透视。斜面的边线即是倾斜变线，消失于天点或地点。倾斜变线的透视方向：天点或地点，必定在斜线底迹灭点的垂直线上；天点、地点离视平线的远近，决定于倾斜与地面所成角度的大小，角度越小，则天点、地点离视平线越近。反之，则越远，如图 4.21 所示。

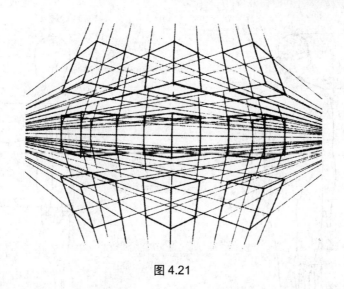

图 4.21

4）圆形透视

呈平行透视的单位正方形，无论以纵深方向排列在同一平面上，还是垂直状同轴叠加，透视形越靠近视平线，人们看到的透视形就越扁，当圆形与视平线重合时，透视形就形成一条直线。因此，正方形内切圆也具有同样的透视递变规律，如图 4.22 所示。

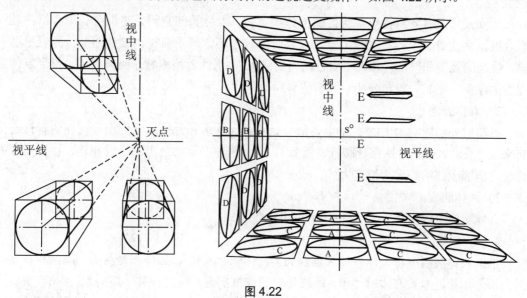

图 4.22

2. 人体解剖与结构基本画法

1）人体比例

以头长为单位确定全身比例。中国男、女成人身长一般为 7.5 倍头长。自额底至乳头连线=乳头连线至脐孔=1 头长；手臂=上臂（1 头长）+前臂（1 1/3 头长）+手掌（2/3 头长）=3 头长；两肩之间宽=2 个头长；人体的 1/2 处在耻骨联合上下。嵴上下至膝关节=膝关节至脚跟=2 个头长。人体立为 7.5 倍头长，坐为 5.5 倍头长，盘坐为 3.5 倍头长。具体如图 4.23、图 4.24 所示。

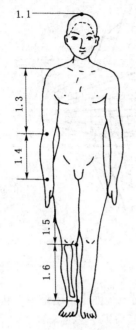

图 4.23　人体主要尺寸

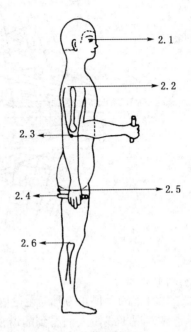

图 4.24　立姿人体尺寸

男女人体又有各自特点。男性胸部体积宽大，女性臀部宽阔，男性身长中心恰在耻骨联合处，女性身长中心在耻骨上方。女性骨骼较小巧，颈子细长，腰身缩细，外表平滑丰满，隆起的乳房和臀部，体现了女性的"曲线美"。男性骨骼粗壮、肌肉发达，整个躯体显得宽大厚实、粗犷、棱角分明，具有男性特有的"阳刚美"

2）人体骨骼

骨骼对外形影响最大的 3 个主要部分是头骨、胸廓和骨盆。它们由可弯曲的脊柱连接起来（脊椎骨：颈椎、胸椎、腰椎、骶骨）。肩骨附着在胸廓之上与于臂相连。由于肩骨的覆盖，胸廓上部的外形变得宽大。

3）人体肌肉

人体肌肉可以参考相关人体肌肉解剖图。

4）形体结构

根据人体解剖可将人体各局部理解为"三体积、四肢"。三体积是将头、胸部和骨盆概括为长方体和近似长方体的体积，四肢是把四肢概括为八段圆柱体。其中"三体积"和"四肢"的基本形体结构是不变的，但由于各部位关节运动才带动了人体的不同形体动作特征。

● 特 别 提 示 ┈┈┈

在进行人体动作描绘时要特别注意人体的重心和运动产生的节奏感。

3. 构图基本画法

构图即经营位置，是一种创造性的艺术活动，是通过把画面上的各种视觉元素，相互关系组织得更具有个性和美感，从而生动表达作品内容。构图能力的训练也是艺术设计者在创作过程中必须始终探究的一项重要基本功。

构图法则指在一般情况下构图的基本规律，即对立统一。由点、线、面组成的几何形的对立，指视觉元素的对比变化，统一指视觉上的均衡和谐，画面上所说的均衡不是指视觉元素的重量感平均和机械对称的形式，而是视觉元素的重量感在对比的过程中，使受众在视觉感受中获得一种较稳定或趋向稳定的审美心理需求。

1）视觉形象

视觉形象的重量感与它的面积大小、色调深浅、动与静、空间距离关系密切。

（1）面积大的视觉形象较面积小的要重些。

（2）若面积相同，暗色的要比亮色的要重些。

（3）规则的形状较不规则的形状要重些。

（4）集中性的形状要重于分散性的形状。

（5）垂直走向的形状较倾斜走向的形状要重些。

构图时，对画面的分割，还需尊重人的视觉经验，一般人们更喜欢画面上部较轻，下部较重的视觉习惯，比如在画静物素描时，画面的视觉中心，重心应略低于画面的几何中心。在构图时，一般要求上面少空，下面多空些。在人偏侧面的人像半身写生时，面朝的方向要比背朝的方向多空一些。

●●特别提示

构图时还需注意视觉形象或形状向某些方向的聚集和倾斜所造成的张力。各种张力的互相支持和抵消构成了整体画面的平衡。

2）构图的构成

构图由"外形"和"局部"构成。

（1）外形一般有：横长方形、竖长方形、正方形、圆形等，形状大小不一，长方形有长短之分。不同的外形给人产生不同的感觉，如圆形显得集中，横长方形显得开阔。中国传统国画中还有扇形、圆形、斗方等各种构图形式。

构图的形式也是多样的，常见的构图形式有：金字塔构图，平行水平线构图，螺旋形构图，S 形构图等。

（2）构图中的"局部"则是指构成画面内部的各种结构形式，即画面的实形和虚形，这些都需按构图法则作艺术处理。

总之，构图的宗旨是使一个二维的静止画面产生平衡与动感、平面与纵深感或制造某种意境。所以构图是利用人们的视觉经验来调动观者情绪的一种主动性思维。

4.3　设计素描的艺术语言

4.3.1　线语言

用线条描绘世界是人类的一个创造，造型艺术中，线条是最原始，但也是最高级的造型语言，在绘画史中，人类的绘画从线开始。

1. 线的类型

线在设计素描的教学中具有很重要的地位。线条的种类有：直线、曲线、粗线、细线、光滑线、毛糙线、深线、浅线、硬线、软线、长线、短线、横线、竖线、实线、虚线、螺旋线，还有造型的辅助线、传达情感的趣味线等。这些线条为人们在设计素描中提供了丰富的造型语言。

线条虽然简单，但有长短、粗细、浓淡、曲直等变化，用重复、交叉、并列的方法可以产生较多情趣，物体的体积、质感、空间感也能得到更加客观如实的表现，如图 4.25～图 4.27 所示。

图 4.25

图 4.26

图 4.27

1）外结构线、内结构线

外结构线是指物体可见面的边缘线（实线）；内结构线则是指物体内部组织的结构线（虚线），如图 4.28、图 4.29 所示。

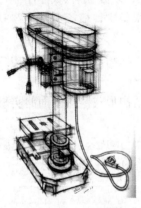
图 4.28

图 4.29

2）主结构线、次结构线

单个简单物体的主结构线等于外结构线；次结构线等于内结构线。

复杂单个体或成组物体时，如图 4.30～图 4.32 所示。复杂单个体主要部分为主结构线，反之为次结构线表现；成组物体主体部分为主结构线，次要部分由次结构线表现。

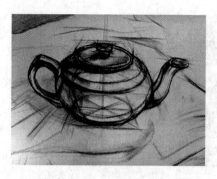

图 4.30

图 4.31

图 4.32

2. 线的表现力

古今中外，无数大师名家的佳作给人们留下了研究线的表现力的典范。如中国的吴道子、陈洪绶、叶浅予、黄胄、八大山人及中国画经典十八描，国外的达·芬奇、列宾、毕加索等。一般来说，中华民族的杰出画家，用线描写对象时追求的是写意与抒情，而西洋画家则注意线条的工整和写实，如图 4.33、图 4.34 所示。

图 4.33

图 4.34

4.3.2 明暗语言

1. 光影与形体结构

光使人们能看见周围的物体，又使各种不同的物体产生明暗变化。从物体的明暗关系中，可以感觉到物体的不同品质，如坚硬、柔软、尖锐、厚重、光滑、粗糙、沉重与轻飘，甚至直接影响人的情感。

1）表现形体结构的方法

利用光影再现客观对象是写实艺术的重要标志，也是设计素描表现形体结构的重要手段。在表现形体结构时，用明暗来表现有两种基本方法。

（1）用明暗来表现光与影的关系，如图 4.35 所示。

（2）用明暗来表现物体固有色的深浅关系，如图 4.36 所示。

图 4.35   图 4.36

2）五大明晴调子

在人们的视觉经验中，在同一光源下，由于物体的各个面与光源的角度差异，从而形成明暗变化，由此可概括分成五大明暗调子，即亮部、灰部、明暗交界线、反光、投影，其中亮部和灰部统属于受光部，而明暗交界线、反光和投影统属于背光部。

（1）亮部受光直接照射，如果物体表面光滑还会出现高光，高光即是亮部的反射光。

（2）灰部是物体结构的明暗调子在人视觉中显示变化最多的部分。

（3）明暗交界线也称明暗交界面，也是物体暗部色调中最暗的部分，它将物体的影调分成明暗两大部分。

（4）反光是指物体的暗部受到邻近物体的影响在暗部产生的变化，反光强弱取决于物体自身的质地，周围其他物体的质地及它们的固有色，反光的亮度不会超过受光部。

（5）投影是物体受光后在其他物体上留下的影子。

一般说来，立方体、棱柱体等表面呈切面变化的物体明暗关系容易理解，对于圆柱、球体表面呈曲面的物体，则可把它们理解为用面不断切削而成。物体的明暗对比强弱因素主要有以下几种。

受光源性质和强弱的影响；受光源远近距离的影响；受光源照射角度影响，照射角度越接近 90º 越亮，反之则越暗；受描绘物体的距离影响；受物体固有色明度的影响；受绘画艺术要求的影响。

知 识 链 接

物体的固有色都可以转换为不同灰度的色调关系。固有色如变成斑纹、条纹、图案，就成为设计中可以利用的图形。把这些变化生成在某一设计中，可以使对象更具灵气。这些斑纹分为两种：设计黑白和自然纹理。设计黑白是人为的构成形式，它具有民族性、时代性鲜明的特征。自然纹理中有墨渍、斑马纹等，是设计者加以利用在设计上的自然天成的元素。在此表现固有色更赋其设计意义。

写实主义绘画中，物体固有色的表现如果用明暗的方法来认识可以丰富画面的表现。绘画物体的质感、重量感、真实感通过与固有色表现的同时获得一种艺术审美情趣。其次物体固有色被黑白色抽象以后对比力度可以影响人们欣赏的兴奋或疲软。再是物体固有色的表现在整个画面整体明暗调子中可以起到重要的主导作用，如图 4.37、图 4.38 所示。

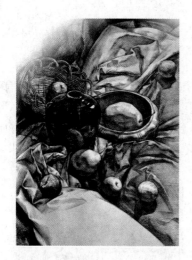

图 4.37   图 4.38

2. 形体结构的阴暗表达

以石膏头像写生为例，如图 4.39 所示。可以把石膏头像概括成多个几何形体的组合，通过对各个几何形体的分析来达到对石膏头像的研究与表现。

步骤如下。

（1）首先在画面上确定写生对象的整体高、宽比例。在对象上找到上下左右的中心点，并相应在画面确定一个中心点 O，从 O 引水平线和垂直线，确定对象各部分的位置。

（2）用线条画出物象大致的形体结构、构造结构、空间结构及其关系。

（3）用线条准确地、深入地画出物象的形体结构、构造结构、空间结构及其关系，使画面具有一定的体积感及细节与表情的塑造，并注意其内外结构线，尤其是主次结构线的关系处理。

（4）反复调整及修改，使画面主次关系、须实关系明确，视觉效果完美。

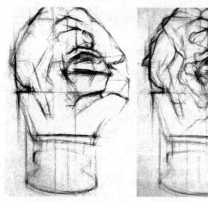

图 4.39

4.3.3　材质语言

1.　不同材质对人的心理影响

材质语言是指各种物质的质地感觉。有时物质有几种质感，不同质感的外表又有不同。质感在画面的表达有两种方法，一种是手绘，即利用绘画工具模仿对象进行表达；另一种是制作，即利用一些特殊工具和材料，用制作方法达到表现质感的目的，不同的材质本身就是物体性质的一部分，它与绘画的内容结合在一起，产生不同的绘画语言，如图 4.40、图 4.41 所示。

图 4.40

图 4.41

就视觉形象而言，质感实际上就是物质表面不同的明暗变化，所以能用单一的绘画材料表现不同的质感。质感也与触觉相关，坚硬、粗糙、柔软、光滑，实际上都是人们自己的经验。当再次见到它们时，就自然唤起对触觉感受的记忆。

2.　不同材质的表达方式

古今中外的艺术家对各种质感都有自己独特的诠释和表现。即使同一种材料的质感，大师的表现也是各有千秋，但都能得到人们的欣赏和认同。

在表现客观对象的质感时，应从这几个方面考虑作品中物体的质感问题。

（1）对质感的表现不只是为了逼真，更要追求对象的表现形式独特的形式美感，以增强作品的趣味性和感染力。因此描绘过程不是以形准为衡量的标准，而要从整体上把握所描绘对象的质感及质感对比关系，以增加画面表现的趣味性和感染力。

（2）质感是构成画面的诸多要素之一，不能孤立地、片面地看待，要注意作品中质感和明暗、形体、空间等其他要素上与视觉上的协调关系。

（3）质感的表现与表现工具和材料有关，在同一幅作品中，运用多种材料技法时要注意整体上的协调关系。

（4）不同的工具材料及不同的表现手法，本身也会形成各自不同的质感，不要只追求一面，而忽视另一面。

4.4 设计素描的创意形态

4.4.1 积量型结构和骨架型结构

1. 积量型结构

认识物体的结构对设计素描的创意有很大帮助。对自然物像外在形态的认识和描绘，传统的素描训练一直规范在"几何形的组合"范畴内。把复杂的物像形态抽象为若干个简单几何形，虽然可以方便快捷地在画面上概括出来，但仍然不能满足设计素描的要求。传统素描讲究物像的结构，是为了更真实地表现物像的外形、明暗调子和色彩关系。设计素描追求物像内部结构的各个面在空间不同的透视关系和它们的组合关系。

用解构的方法对传统素描方法进行认识，重新构建人们对自然物像形态的认识，打破"几何形的组合"的模糊概说，重构对物体形态结构的理性认识，结构特征为单独的主要的"几何体积"构成，这种结构类型在重构性设计素描中称为"积量型"结构，如一个面包、一块石头等，如图4.42所示。

积量型结构的物体具有完整、饱满、稳定、静止的感觉。

2. 骨架型结构

骨架型结构也是重构性设计素描中一种结构类型，物体的结构特征由主体部分和支体部分的体积，通过关节组织互相链接而成，其中关节组织有的是固定不变的，物体的结构也是相对固定不变的，如宫殿、宝塔、组合家具；有的按一定的规律运动产生不同的空间结构关系，如人体、积木玩具、自行车等，如图4.43所示。

骨架型结构的物体表达时要复杂一些，主体和支体的关系处理既要分别掌握好主体和支体体积的结构关系，又要处理好主体和支体的链接关系，更要分出主次、整体和部分的层次关系。必要时还要结合一些机械学、力学等相关学科的相关知识，使画面生动起来，并富有趣味。

图 4.42

图 4.43

4.4.2　正形和负形

　　正形和负形是随着平面构成主义的兴盛而抽出的概念，传统的绘画和设计作品中，人们只强调画面的主体和非主体的关系，背景和物体在空间的边界关系。在设计素描中，当人们把这些造型的基本元素，从原来的客观物像中分解、拆卸或者抽象出来，按照设计的需要和新的理念，重新组合和建构一个画面，同时具有正形与负形的崭新形象就会出现。现代设计根据心理学里的"图底反转"现象，提出对主体以外的非主体视觉元素的关注，创造出正形与负形、实空间与虚空间的概念，设计师在设计时既要考虑正形表现的形象特征，又要考虑负形可以表达的形象内容，并且要关注正形与负形之间的意义及与形态吻合部位的意义。在设计素描的创意过程中，正形与负形的应用，图底空间的转换，使得视觉的边界变得丰富起来。同样，视觉形象的变化不定，也使得空间活动起来，从而产生耐人寻味的视觉感受。

　　图与底即正形与负形在设计中形成两个形或两幅图，在平面的范围内，传达并产生出空间的多种形式与相互补充的或相互对抗的意味，取得多种视觉效果，如图 4.44、图 4.45 所示。

图 4.44

图 4.45

4.4.3　虚实节奏

　　艺术创造中的节奏运用使艺术品产生内在的美感效应，在音乐、舞蹈、文学、电影等创造中都离不开节奏的表现。平面艺术的节奏变化可以是形状大小的变化，也可以是明暗差异的变化和色彩对比的变化。

　　节奏变化就是物体运动的一种规律，如匀速运动、圆周运动等。把运动节奏的规律引进设计素描，可以帮助人们丰富设计素描的表现方法。传统素描中的虚实关系往往采取前实后虚、主体实、非主体虚，中心部位实、周边部位虚的手法。其总的要求是真实地再现三维空间的物像面貌。但在解构和重构性设计素描中虚实关系的处理，与传统素描方法就大相径庭了。在设计素描中，物像失去了常态的逻辑性，变化多端，要表现的重点多次呈现改变了传统素描虚实关系相对不变的规律，设计素描画面的虚实变化在同一画面上服从结构的变化，要符合不同明暗层次的变化，这就是虚实节奏，如图 4.46、图 4.47 所示。

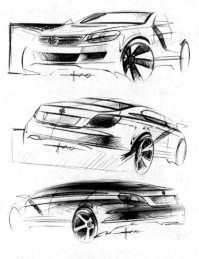

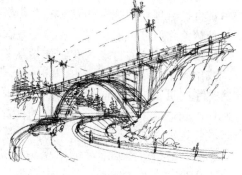

图 4.46 图 4.47

设计素描中常见的处理虚实节奏的方法如下。

（1）以线条表现为主的素描，主要借助线条的轻重与疏密关系来达到表现目的，如图 4.48、图 4.49 所示。

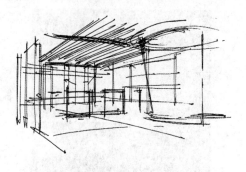

图 4.48 图 4.49

（2）带有明暗的设计素描，则要通过物体明暗变化所形成的虚实关系来表达节奏，如图 4.50 所示。

（3）大面积黑白对比，小面积黑白对比，都出现在同一画面，也能产生不同的美感，如图 4.51 所示。

图 4.50 图 4.51

4.4.4 逆反设计

思维的"逆反"本身就是对传统规范，对制度和约定俗成的反叛、超越和解构。传统绘画特别是以写实为表现风格的绘画，在画面上描绘物体、表现生活，使人们感觉到真实，是因为把进入画面的一切物像按等比例缩小或放大，使之符合生活中的比例关系，符合实际逻辑及合情合理。但视觉的真实感久而久之也会产生惰性结果，即视觉思维的疲劳和僵化。要破解消除这种现象，可用解构的方法，逆反的行为就是一种较好的途径。

逆反就是反其道而行之，在物体相互关系上作逆反处理往往会使人啼笑皆非，或不可思议，或出人意料，由此引起人们的关注。把物体的比例关系作"逆反"处理，让物体不成比例关系的重新组合在同一画面上，以求获得视觉反差，从而取得特殊的效果。

例如漫画，如果画得太符合正常的视觉比例关系，就会失去喜剧效果和幽默感，太讲究条理性和逻辑性就会显得平淡无奇。同时，也可运用变形性意象的造型手法。简单地说，就是作画者有意打破绘画对象的原貌，如结构关系和明暗关系，令其失真，以适应主观情绪与意象造型的需要。作画对象的原形依据一定的规律逐渐转变为新形。在主观的作用下创造的"新形"，与作画对象的"原形"，处于一个既有区别又有联系，像与不像之间的关系。

所以，在设计素描创意阶段，运用"逆反设计"的概念丰富创意思维，增强设计素描的视觉张力，对创作生动、新奇的设计素描作品是相当有帮助的，如图4.52～图4.55所示。

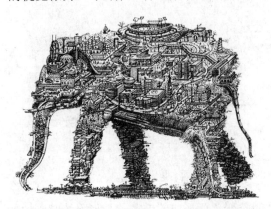

图 4.52

图 4.53

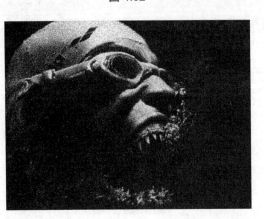

图 4.54

图 4.55

4.5　设计素描的实际应用

本节以产品设计与环艺设计为例介绍设计素描的实际应用。

4.5.1　设计素描与产品设计

产品设计即工业产品的艺术设计，它是现代工业化社会，运用科学技术与艺术结合的方式进行的一种生产。

工业设计的主要种类有公共性商业、服务业用品、工业和机械设备、交通运输工具四大类。这四大类产品都有较明显好识别的形体结构，无论从积量型结构还是从骨架型结构方面，都要用设计素描的手法进行认识、描绘、设计和组合，如图 4.56 所示。

图 4.56

1. 组合形态造型的基本画法（图 4.57）

（1）观察和找准物体的基本形（几何形）与基本比例关系、物体在视平线上下的位置关系，用点标出，用线画出，并注意画面构图。

（2）用推导方式，画出物象大致的形体结构、构造结构、空间结构、物与物之间的组合空间位置。

（3）深入刻画。较准确地肯定物象的结构和相互关系，从细节塑造方面使画面具有一定的体积感。

（4）反复调整和修改，使主次关系明确、黑白灰对比、虚实对比效果明显，达到画面完整的最终效果。

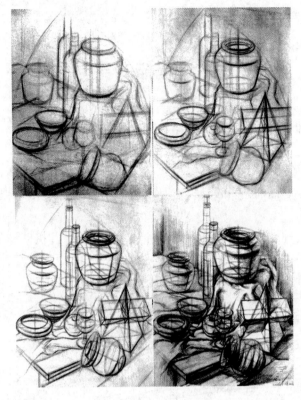

图 4.57

2. 单体结构造型的基本画法

此种画法与组合形态的画法都大致相同，如图 4.58 所示，大致可分为以下几个步骤。

（1）从整体出发，观察和找准物象的基本形（几何形）与基本比例，找准物象在是视平线上下与视中线左右的位置关系，用点标出，用线画出，并注意画面构图。

（2）采用推导造型的方法，用线条画出物象大致的形体结构、构造结构、形体透视。

（3）深入刻画，使画面具有一定的体积感与细节塑造，注意其内外结构线、主次结构线的关系处理。反复调整及修改，使画面主次关系明确，效果整体、完整。

图 4.58

4.5.2 设计素描与环境艺术设计

环境艺术设计是一个新兴的设计学科，是关系到人类生活设施及空间环境的艺术设计，设计素描在这方面也发挥了很大的作用。

环境艺术设计包括室内和室外两大类，其中室外包括室外环境、公共空间和城市规划设计。在室内外环境的艺术设计中必须借助设计素描的表现手段来完成，不论对实物实景的记录性素描，还是带有创造性的设计素描，都要讲究一定的方法。

1. 场景速写步骤与方法（图 4.59）

图 4.59

（1）根据议题，用虚线先勾好视平线的高低，并定好建筑及环境的大致透视关系。

（2）从主体建筑物开始画，用直线起稿，再画上陪衬的环境物。

（3）画上增添氛围的人物和道具，增加画面的生气，丰富画面的内涵。

 特 别 提 示 ··

建筑与环境之间的变化和呼应关系。采取近实远虚的表现于法，对景物要有取舍。

2. 建筑装饰效果图表现

用铅笔勾勒轮廓，从主体建筑物开始画，用精致细微的笔触刻画。画周围物体时，不能喧宾夺主。树木、汽车和人的活动都是城市建筑风景画不可或缺的部分，它们能够赋予画面生气，没有它们就会显得呆板乏味。

建筑风景画的透视关系非常重要，特别要仔细研究所有表现对象的透视消失点的问题。可借用平行透视、成角透视和倾斜透视 3 种，尽管描绘的场景结构复杂多变，但透视关系万变不离其宗。

造型设计的表现是一项十分复杂的工作。在设计的展示和实施过程中，单靠简单的绘画是不能完全表现设计意图和内容的，因此设计内容还需要更加专业的表现技巧来展现。制图技能便是更为专业的表现技法，可以详尽地将设计意图和内容通过平面和立体等形式表现出来。

由于设计类专业多开设专业制图课程，故关于制图方面的相关技能本书将不介绍，请参考制图书籍。

综合应用案例

1. 设计素描案例

通过对下面设计素描的欣赏，分析总结设计素描的特点，找出设计素描的特征所在，理解设计素描的内涵与作用。如图 4.60～图 4.63 所示。

图 4.60

图 4.61

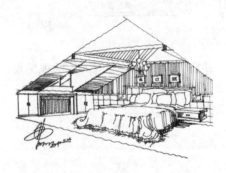

图 4.62

图 4.63

2. 设计素描的造型语言运用案例

通过对下面作品的欣赏，理解设计素描的造型语言。如图 4.64～图 4.67 所示。

图 4.64

图 4.65

图 4.66

图 4.67

3. 设计素描的艺术语言运用案例

通过对下面案例的欣赏，理解设计素描的线条、明暗、材质等艺术语言，总结艺术语言训练的技巧。如图 4.68～图 4.71 所示。

图 4.68

图 4.69

图 4.70

图 4.71

4. 设计素描的创意形态构成案例

通过对下面案例的欣赏,理解设计素描的创意形态的构成,总结创意形态训练的技巧。如图4.72～图4.75所示。

图 4.72

图 4.73

图 4.74

图 4.75

5. 设计素描技法综合应用案例

通过对下面案例的欣赏,理解设计素描的应用方式,总结设计素描的表现技巧。如图4.76～图4.79所示。

图 4.76

图 4.77

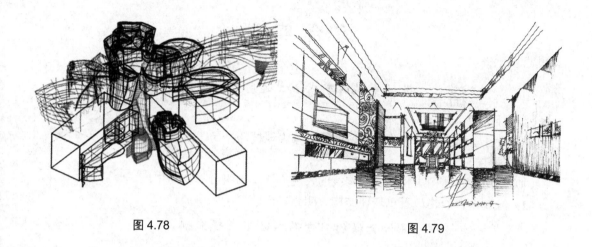

图 4.78   图 4.79

推荐阅读资料

[1] 陈晓梦，李真. 立体构成[M]. 北京：航空工业出版社，2012.

[2] 王芃，曾俊. 设计基础[M]. 重庆：西南师范大学出版社，1997.

[3] 浦海涛，吴军，陈晓梦. 设计构成[M]. 北京：中国时代经济出版社，2013.

[4] 徐时程. 立体构成[M]. 北京：清华大学出版社，2007.

[5] 卢少夫. 立体构成[M]. 北京：中国美术学院出版社，1993.

习　　题

1. 素描和设计素描的概念。

2. 设计素描的内涵及作用。

3. 设计素描的各类造型语言。

4. 如何理解外结构线与主次结构线？

5. 设计素描中明暗关系的处理。

6. 设计素描中质感的处理。

7. 积量型结构和骨架型结构的基本特征。

8. 虚实节奏的表现形式。

9. 逆反设计理念在设计素描中的作用。

综 合 实 训

设计素描的艺术语言运用表现实训

【实训目标】

掌握设计素描艺术语言的运用，熟练形象表现技巧。

【实训要求】

（1）运用内外结构线和主次结构线的表现方法，画组合静物写生。

（2）绘制组合静物，着重表现结构、明暗、质感。

设计素描的创意形态运用表现实训

【实训目标】

掌握设计素描艺术语言的运用，熟练形象表现技巧。

【实训要求】

合理运用设计素描创意形态，画组合静物写生。

设计素描的综合实训

【实训目标】

掌握设计素描艺术语言、创意形态的运用，熟练形象表现技巧。

【实训要求】

合理运用设计素描技巧，画组合静物写生。

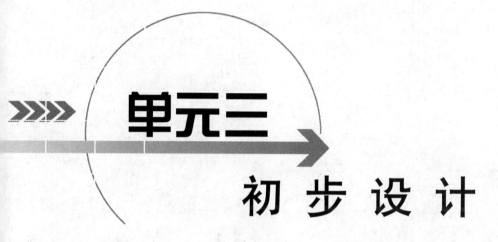

单元三

初步设计

在我们了解了造型理论，掌握了基础表现技法以后，就可以进行初步设计了。本单元主要包括 4 个模块，分别是基本视觉形象设计——图案、建筑设计初步、园林设计初步、室内设计初步。

模块 **5**

基本视觉形象设计——图案

学习目标

1. 明确图案的概念、分类和发展。
2. 掌握图案的创意及造型方法，图案设计的变化方法及构成形式。
3. 了解图案在设计中的应用。

学习要求

能力目标	知识要点	相关实验或实训	重点
熟悉	图案的概念、分类		
掌握	创意造型方法、构成形式		★
理解	图案在设计中的应用		

视觉形象设计涵盖的范围很广，包括建筑设计、环境艺术设计、园林景观设计、服装设计、工业产品造型设计、印刷设计等。从事视觉形象设计行当，往往是从图案设计开始的，其设计的灵感和整个设计构思多是在平面图案上开始的。图案设计是最基本的视觉形象设计行为，为设计的后续开发提供了基础。图案是视觉形象设计者表达概念应该掌握的最为基本的视觉形象语言，是表达设计概念的基本工具。

古今中外，通过图案表达概念和内涵的案例举不胜举，它可以将抽象的概念转化为具体形象，便于理解和加深印象。在人类的历史上还没有出现文字之前，人们就已经学会运用图案来表达意图，甚至很多能够记录历史的文字也是在图案的基础上逐渐产生的，学会使用和创造图案是人类文明的重要标志。对于图案的利用和开发是人类永不停息的课题，作为从事设计的初学者，学习图案设计是学习视觉形象设计的第一课，是走向辉煌设计空间的阶梯。

5.1　图案的概念和作用

5.1.1　图案的概念

图案即图形的设计方案，常指对某种器物的造型结构、色彩、纹饰进行工艺处理而事先设计的施工方案，制成图样，通称图案。图案是与人们生活密不可分的艺术性和实用性相结合的艺术形式，通常生活中具有装饰意味的花纹或者图形都可以称为图案。

"图案"虽然属于近代的新创词汇，但并非是新生的事物。自新时代的彩陶装饰纹起，中国传统图案就随着各工艺门类的发展，形成了自己独特的艺术风格，成为后人学习图案取之不尽、用之不竭的宝库，如图5.1所示。

确定图案概念的范围可以将在广义和狭义上加以理解。在多种论及图案的广义图案概念中，老一辈装饰艺术家认为"图案"就是设计一切器物的造型和一切的装饰方案。其词义内涵接近英文的"design（设计）"，主要是指为达到特定的装饰目的而做出的案头方案，涵盖了建筑、纹样设计、工艺品设计等，类似于今天所说的艺术设计，如图5.2所示。狭义的图案是指有装饰意味的花纹或图形。在此，"图案"与"纹样"、"花纹"的概念是等同的，其词义与英文单词"pattern"相一致，如图5.3所示。

图5.1

图5.2

图5.3

5.1.2　图案的作用

　　图案设计的应用范围十分广泛，与人们的生活、生产和环境息息相关，影响着人们生活的方方面面。如服饰、建筑、壁画、染织、工艺美术等。它既反映着物质利益，也体现着精神价值，总是洋溢着浓郁的时代气息。不同民族、不同国家的装饰图案都拥有各自独特的艺术语言，如图5.4～图5.9所示。

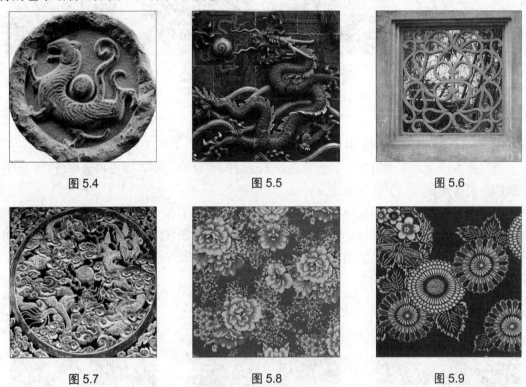

图 5.4　　　　　　　　　　图 5.5　　　　　　　　　　图 5.6

图 5.7　　　　　　　　　　图 5.8　　　　　　　　　　图 5.9

　　图案，是向现代专业设计思维过渡的实践训练，主要是为了提高受教育者的图案审美素质、创造与设计思维能力、图案表现能力，重点放在培养图案审美与创造思维能力上。掌握了图案设计的思维方法，就可以自由地展开创造现代图案文明的翅膀；具备了图案的"语言"要素，也就具备了用图案语言"说话"和表达自己创造意识的条件。

5.2　图案的分类

5.2.1　从空间形态分类

　　图案从空间形态上可分为平面图案和立体图案两种。

　　（1）平面图案是指在二维空间创作图案作品，如装饰画、织物图案、扎染、蜡染等，如图5.10、图5.11所示。

（2）立体图案是指在三维空间中创作的图案样式，如建筑上的装饰纹样、日用器皿、浮雕等，如图 5.12、图 5.13 所示。

图 5.10　　　　　　图 5.11　　　　　　图 5.12　　　　　　图 5.13

5.2.2　从时间状态分类

图案从时间状态上可分为静态图案和动态图案两种。

（1）静态图案。即相对处于静止状态，不受时间变化而改变其物质和精神功能。如建筑装饰、大多数日用品工艺品等。

（2）动态图案。即时间变化中相对运动所构成的图案形态——变换形式、色彩和纹饰产生的图案形象。如霓虹灯饰，建筑室内、橱窗彩光构成图案，大屏幕图案，大型环境庭园，流体电动装饰图案，大型团体操、舞台表演的变换图案等，如图 5.14～图 5.16 所示。

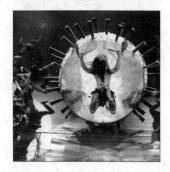

图 5.14　　　　　　　图 5.15　　　　　　　图 5.16

5.2.3　从形态构成分类

图案从形态构成上可分为自然形态构成的图案和抽象形态构成的图案两类。

（1）自然形态构成的图案是以自然（相对具象）的造型、色彩、纹饰组成的图案，如以自然的花鸟、动物、人物、山水设计的图案，如图 5.17、图 5.18 所示。

（2）抽象形态构成的图案是不以具体的自然形象（造型、色彩、纹饰）为对象构成的图案。如一些标志、广告、环境装饰中的抽象形态、颜色、文字、平面和立体构成的图案，如图 5.19 所示。

图 5.17

图 5.18

图 5.19

5.2.4 从题材角度分类

从题材的角度可分为植物图案、动物图案、人物图案、风景图案和几何图案，如图 5.20～图 5.25 所示。

图 5.20

图 5.21

图 5.22

图 5.23

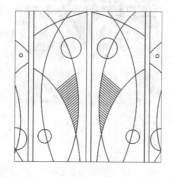

图 5.24

图 5.25

5.2.5 从组织构成形式分类

从组织构成形式可分为单独图案、连续图案和适合图案，如图 5.26～图 5.28 所示。其中连续图案又以连续方向为依据，分为二方连续和四方连续。

图 5.26   图 5.27   图 5.28

5.2.6 从艺术风格分类

图案从艺术风格的角度可分为传统图案、现代图案和民间图案。

（1）传统图案也称为"古典纹样"，是世代相传的图案造型。每个时代都印证着鲜明的历史特征，通过代代传承而又推陈出新，如历史上经典的卷草纹、缠枝花卉纹、云纹、兽面纹。

（2）现代图案是相对传统图案而言，指具有鲜明的现代气息的图案，符合当代人的装饰与审美标准。如包豪斯的现代抽象设计、劳特累克的装饰风格、康定斯基的现代主义等。

（3）民间图案是相对于历代宫廷文化、主流文化而言的，它来源于民众中间、广为流传的、与老百姓生活息息相关的图案。民间图案包含很多类型，主要有剪纸、皮影、泥塑、木偶、面花、木版年画、扎染、蜡染、刺绣织物纹样、石雕纹样、石刻纹样、建筑纹样等，如图 5.29～图 5.31 所示。

图 5.29   图 5.30   图 5.31

5.2.7 从民族特色分类

从民族上划分，图案可分为汉族图案、苗族图案、藏族图案、俄罗斯图案、阿拉伯图案、爱斯基摩图案等。这些民族的图案造型均因处地域风景、生活习俗、宗教信仰、历史文化等的不同而形成各具特色的风格。如图 5.32～图 5.34 所示。

可以看出，图案的分类相当宽泛。虽然在实际的图案创作不必拘泥于这些分类，但了解它有益于探索出其中规律性，更好地把握图案的意趣。

图 5.32

图 5.33

图 5.34

5.3　图案的发展

5.3.1　中国图案的发展

中国传统图案有着悠久的历史和辉煌的成就。了解和研究这些图案，继承其精华，对民族传统文化的延续，提高设计者自身艺术修养，以及提高设计者的图案创作能力都具有很重要的现实意义。

1. 原始时期

彩陶文化是这个时期的代表，如图 5.35～图 5.37 所示。在创意上，彩陶图案含有一定的原始宗教色彩和图腾意味。彩陶图案除了较为写实的动物、植物、人物纹样外，最普遍的还是几何形纹样，主要由线的粗细、疏密、长短、交叉和各种网纹、绳纹、日纹、月纹、水纹、火纹、雷纹、涡旋纹等有规则地排列组成。它的构造元素单纯、简练，骨格清晰，节奏鲜明，具有十分醒目的视觉效果。纹饰变化丰富，形象生动，手法熟练巧妙，线条流畅、工整、富丽、黑白相间。并结合立体造型，把纹饰安排为俯视、侧视的双重效果。创造了双关图案，即平视是二方连续，俯视是适合图案。

图 5.35

图 5.36

图 5.37

2. 商周时期

商周时期，青铜冶炼技术已逐渐成熟，图案的舞台从温厚的陶器转移到凝重而肃穆的青铜器上，图案的气质也随之由明快健朗变得神秘狞厉。这主要体现在两个方面：一是图案的题材多为神异之物；二是图案的结构更为繁多曲折，错综复杂，让人不能一目了然。再加上大量运用充满力度感的方折线，使青铜器图案产生了一种震慑力量和诡异气氛。另外，青铜器的材料属性及其加工工艺，也使青铜器图案具有了镌刻的形式效果。图案的手法、题材、骨格变得更为丰富，显示出民族审美创造形式的成熟。

这一时期的青铜纹饰多以饕餮纹、菱纹、兽面纹为主题，呈高浮雕，纹饰变化夸张，多采用侧面对称，形象鲜明、庄重、威严，大都以直线表现为主。运用地纹衬托主题，地纹微微凹下，辅以细密而均匀的云雷纹、回纹，层次分明，如图 5.38～图 5.41 所示。

图 5.38

图 5.39

图 5.40

图 5.41

在这一时期的装饰中，还有许多几何纹样，它们有的作为主体纹饰，有的作为辅助纹饰。常见的纹饰有：乳丁纹（纹形为凸起的乳突）、云雷纹、鳞纹、窃曲纹、环带纹等，这些不同的几何纹饰与各种神奇的动物共同构成了商周青铜器装饰造型的风格特征。

3. 春秋战国时期

春秋战国时期，图案基本改变了商代的中心对称、反复连续这两种相对较为单纯的图案组织形式，而是以重叠缠绕、上下穿插、四面延展的四方连续的组织形式为主，图案的形象元素也更为复杂，看上去只有眩目之感，而难深得其究竟，如图 5.42～图 5.44 所示。纹饰上继承了传统的饕餮纹、龙纹、蟠龙纹、风纹等，并大量采用人物、故事、绘画题材，如狩猎、采桑、攻战、射箭、饮宴、歌舞、车马等，逐渐取代了商周以几何为主的纹饰，开始表现人们的思想活动。

图 5.42

图 5.43

图 5.44

4. 秦汉时期

秦汉时期，充满神异想象的浪漫气息仍流存在当时的审美意识中，这使图案的气质由青铜时代的狞厉诡异、春秋战国的繁缛浮华转化为浪漫雄健、意蕴丰腾，而无矫揉造作之气。工艺美术及绘画题材，较前一时期更为广泛，多以人物、动物、植物纹为主。同时出现大量生活题材，并多穿插来自神话传说中的灵异之物，意趣极为丰富。这一时期的图案更具绘画性特征：线条精练有力，气势流畅、豪放；形象变化自由不受拘束，并把绘画中勾线设色、白描、没骨、写意应用在图案上。秦汉时期图案纹饰突出地表现在瓦当、画像石、画像砖上，如图 5.45～图 5.47 所示。

图 5.45　　　　　　　　　　图 5.46　　　　　　　　　　图 5.47

5. 南北朝时期

魏晋南北朝时期，社会长期处于混乱的局面，给人民带来很大的痛苦和灾难，人们有厌恶世俗生活及避世的思想，使得佛教很快地输入和兴盛。这一时期，图案题材受外来影响较大，以佛、飞天、兽（龙、虎、凤）、莲花、蔓草纹为主。植物纹大量涌现，以叶子为主组成连续纹饰的花边为多。莲花纹、忍冬纹、云气纹互相结合，发展成为缠枝花，是这个时期有代表性的纹饰，如图 5.48～图 5.50 所示。

图 5.48　　　　　　　　　　图 5.49　　　　　　　　　　图 5.50

6. 唐代

唐代是一个统一的封建帝国，为维护统治，实行了一系列政治改革，人民生活安定，经济繁荣，给文化艺术发展创造了有利的条件，成为艺术发展的繁荣阶段。在装饰艺术上，表现为造型完美，形象丰满，人肥马壮，线条柔和、优美，着重写实与精神的刻画。其受异域图案的影响较为明显，渐次出现了卷草纹、唐草纹、缠枝花纹、喜相逢纹、宝相花纹等图案样式，形成了以花卉图案为主体的民族图案格局。除此之外，唐代的织物、瓷器、玉器图案中，还出现了盘龙、对凤、双鱼、麒麟、狮子、天马、孔雀、松鹤、鹦鹉、鸳鸯、对雉、对羊、翔凤、喜鹊、团花、宝相花、牡丹、小簇花等近百种图案样式。这些奇花异草、珍鸟瑞兽的图案构图饱满，富丽华贵，有着鲜明的吉祥寓意，如图 5.51～图 5.55 所示。

图 5.51

图 5.52

图 5.53   图 5.54   图 5.55

7. 宋代

宋代陶瓷工艺达到了中国古代陶瓷艺术的高峰，端庄的造型，晶莹、淡雅的色彩、清秀大方的图案装饰代表了这一时期高雅、凝重的艺术风格，这种艺术风格在中国早期陶瓷粗犷与后期清代陶瓷的细腻风格之间获得了完美的平衡。宋代陶瓷不仅造型美、工艺精，图案装饰也十分讲究。尽管它们没有华丽的色彩，多为单一的色相，但制作极为精巧，通常采用剔刻或单色绘制的方法，刻画出的线条流畅、挺拔、潇洒，均显示出了技艺的娴熟。图案造型和构图也很完美，装饰内容以花卉为主，常见的有莲花、牡丹花等，如图 5.56～图 5.58 所示。

图 5.56　　　　　　　　　　图 5.57　　　　　　　　　　图 5.58

8. 明清时期

传统图案的另一个重要发展阶段是明、清时期。这一时期，传统的工艺品（如瓷器、玉器、木雕、织绣、漆艺等）更加繁盛，带动了图案应用的大规模拓展，并产生了更多的、分工更细的图案设计力量。新出现的工艺品种如雕漆、景泰蓝、金饰、琉璃、珐琅等，使图案的样式更加丰富多样。工艺的变化使图案的色彩、造型、构图更趋于成熟。由于对形式美的内在要求不断加强，对造型技巧的不断斟酌，而新工艺和新材料的出现，恰恰使装饰造型艺术日臻完美，如图 5.59～图 5.61 所示。

图 5.59　　　　　　　　　　图 5.60　　　　　　　　　　图 5.61

5.3.2　中国传统民间图案

1. 民间图案的概念

民间图案在历史上是相对宫廷、官方及上层社会的器物图案而言的，是老百姓的生活用品上的各类图案。

民间图案是由各民族的民间生产者自己制作和欣赏的一种艺术。由于我国幅员辽阔，人口众多，因习俗不同、生产方式不同及审美要求的不同，使得所创造的图案形式异常丰富。民间图案它土生土长，有着浓厚的乡土气息，与宫廷图案、专业图案的区别不仅是设计者不同，使用对象不同，产生的影响不同，而且内容与形式及工艺制作方法也有着明显的差异，它处处都体现出自己独有的特点。

2. 民间图案的种类

各种不同的工艺制作方法是表达装饰图案的必要手段，它们的制作均以手工方式利用简单的工具完成，使纯朴的造型得以完善，而且也显示了各个不同品种的个性特征，体现了装饰形式的多样化。通过这些图案，不仅表现出了作者的设计才能，同时也表现出了他们的制作技能。民间图案的种类很多，其主要工艺品种有剪纸、蓝印花布、蜡染、刺绣、泥玩具、木版画等，民间图案丰富，品种多样，除以上所介绍的各类品种外，还有许多能够体现民间图案的工艺品种，如织锦、皮影、风筝、石刻、砖刻、木刻、陶瓷等，这些不同的工艺品种也都拥有不同形式的图案，丰富了民间图案的内容，如图 5.62～图 5.70 所示。

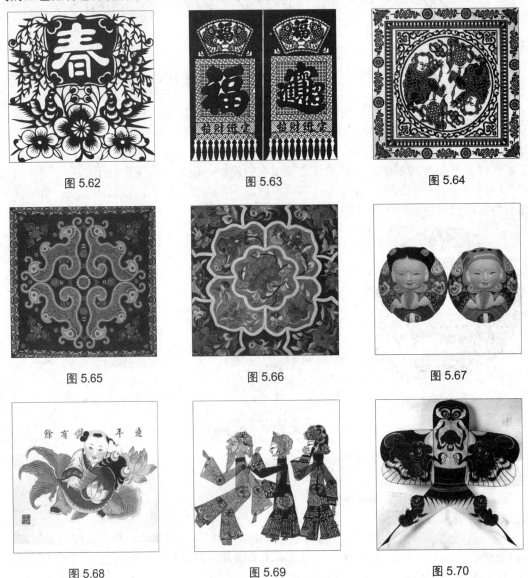

图 5.62   图 5.63   图 5.64

图 5.65   图 5.66   图 5.67

图 5.68   图 5.69   图 5.70

5.3.3　外国图案的发展

在悠久的历史文化发展进程中，世界各族人民共同丰富着图案的宝库。世界各地因不同的民族、地域、宗教、风俗而产生的传统图案举不胜举，这些丰富的装饰文化资源为设计者提供了用之不竭的创作源泉。

1. 希腊图案

西方艺术源于古希腊文明，古希腊的图案大都表现在陶器、建筑、雕刻之上，堪称经典。古希腊的制陶业很发达。碗、盆、壶、罐、瓮等陶器种类很多，在这些器皿上绘制出来的图案在今天被人们称为古希腊瓶画。其内容多表现征战、歌舞、祭祀、运动、婚礼、宴乐、竞技等场景，如图 5.71、图 5.72 所示。在表现方法上多使用剪影式的黑绘法，黑绘瓶画不仅有高超的写实技巧，而且将形象提炼概括、夸张变形，产生了强烈的装饰效果。古希腊的图案题材有现实题材、神话题材、英雄题材等，作品不仅内容丰富，而且变化万千、生气勃勃、情趣盎然。

图 5.71　　　　　　　　　　　　　　　　　图 5.72

2. 埃及图案

埃及曾经创造了灿烂的古代文明，是四大文明古国之一。埃及的文化具有鲜明的民族特色。埃及的图案多为水平构图，极富装饰性。程式化的造型简约、概括、单纯至美在人物图案造型中。埃及浮雕壁画和古希腊瓶面有异曲同工之处，即将人物造型进行多透视结合。正面的身体结合侧面的头像，侧面的头上有正面的眼睛等，用以表达人物最完美的角度，也表达了人们求全求美的愿望。这种程式化的造型被广泛地运用。在图案设计中，人物还以身份的尊卑和在图中远近不同的位置，来确定形象的大小，写实和装饰变化相结合，文字和图像并用。总之，在古埃及的图案中，装饰性、绘画性和可读性并存，如图 5.73～图 5.75 所示。

图 5.73　　　　　　　　　　图 5.74　　　　　　　　　　图 5.75

3. 墨西哥图案

古墨西哥是古代美洲的文明中心，公元最初几个世纪的墨西哥人已能制造出精美的彩袖陶器。这些陶器造型丰富，装饰各异，如印花、阴刻、阳刻等制作方法，产生了不同的装饰效果，其中印花的方法与我国的瓦当制作很相像，在成形尚柔软的坛、瓶、壶等器物的坯土按压纹样印章，即可出现与纹饰印章相反的浮雕图形。纹样的构成也很有个性，造型内容有几何图形、植物、动物、人物等，其中动物、人物比较突出，他们是在吸取自然形态的基础上非常简略概括地进行表现，所有的造型都被一种鲜明的民族风格所统一。在人物装饰中，经常把美丽的头饰、服饰作为主要装饰内容，这些饰物往往镶有宝石和热带珍禽的羽毛，本身就带有很强的装饰性，再经过特殊的加工，个性更加突出，如图 5.76～图 5.78 所示。

图 5.76　　　　　　　　　　图 5.77　　　　　　　　　　图 5.78

4. 因纽特人图案

因纽特人亦称爱斯基摩人，生活在北美，分属于美国和加拿大等国，他们常年居住在严寒冰封的北极一带，形成了自己的生活方式和文化传统。因纽特人擅长雕刻艺术，最早是在象牙、骨头和鹿角上刻制各种物象，作为生活用具或信仰活动用具。随着时代的变迁，这种雕刻艺术一直延续下来，并得到了发展，材料不仅有象牙、骨头、鹿角，还有木头、石头等。用途上也发生了变化，除用作装饰人们的生活外，它们还被作为商品进行交易，如图 5.79～图 5.81 所示。

图 5.79

图 5.80

图 5.81

5.4　图案设计的原理

5.4.1　图案的形式美法则

图案的形式美来自于大自然。在漫长的人类进化过程中，大自然客观存在的形式美陶冶了人类，如叶的左右对称，叶子由大到小有韵味地排列，鸟儿的羽毛有秩序地排列。人的体态更堪称形式美的典范。人体的结构是左右对称的，且各部分与整体之间，又呈现出一种完美的比例。在行走、舞蹈等动态中，又产生出均衡和韵律美。这些自然中形式美的感觉都表现在人们的创作之中。近代的图案艺术家将图案的形式美归纳为：变化与统一、对称与均衡、节奏与韵律等。

特 别 提 示 ···

图案注重外在美，强调形式的表现，因此，研究美的规律和美的形式法则是研究图案的必经之路。形式美的法则是所有造型艺术共通的，是对美的规律的一个总结。

···

1. 变化与统一

变化与统一是构成形式美的两个基本条件。在构成中强调突出各自特点，丰富多样。在变化中有主有次，使局部服从整体，即为统一。统一中有变化，变化中有统一，作品过度追求统一，会产生单调、乏味之感，而过度追求变化，又会使画面内容显得不安和烦躁。两者相互依存、相互制约，才能得到丰富而不杂乱、有规律而不单调的图案，如图 5.82、图 5.83 所示。

图 5.82

图 5.83

2. 对称与均衡

自然界中对称的形式随处可见，如昆虫的翅膀、植物的叶子等。对称是等量、等形的组合。对称的形态在视觉上有自然、安定、平稳、端庄、均匀、完美的朴素美感，它符合人们的视觉习惯。对称可分为点对称和轴对称。在点对称中，有发射对称（如花瓣、雨伞、海星），旋转对称（如风车）、扩大对称（如同心圆）等。在轴对称中，有左右对称、镜像对称，移动对称（如飞机飞行、动物行走）等。

● 特 别 提 示 ••

在运用对称法则时，要避免由于过度地使用绝对对称而产生单调、呆板的感觉。有时，在整体对称的格局中加入一些不对称的因素反而能增加构图的生动性和美感。

••

均衡是等量异形的组合。在实际生活中，均衡是动态的特征，如人体的运动、鸟的飞翔、野兽的奔跑、风吹草动、流水激浪等都是均衡的形式。因而均衡构图所表现的物象都应具有一定的动态。均衡感是在力量上相互保持平均状态，给人以平衡感。均衡状态中不对称的形体要求要稳定，因此均衡具有灵活、运动、优美的特点，如图 5.84、图 5.85 所示。

图 5.84   图 5.85

3. 对比与调和

（1）将多种对立因素安排在一个画面之中却仍具有统一感的现象称为对比。对比能使作品主题更加鲜明，视觉效果更加活跃。

对比在图案造型中无处不在，对比关系通过种种视觉形象得以表现：造型的大小、宽窄、轻重；构图的虚实、朝向、聚散；色调的明暗、冷暖，色彩的饱和与否，色相的迥异；形状的长短、粗细、曲直、高矮、凹凸、厚薄；方向的垂直、水平、倾斜；数量的多少；排列的疏密；位置的上下、高低、远近；形态的虚实、黑白、轻重、动静、隐现、软硬、干湿；形式的繁简、新旧等，如图 5.86、图 5.87 所示。

（2）构成美的各因素相同或相近，产生的统一和谐感称为调和。在造型艺术中，调和的作用就是刻画主要造型，淡化次要造型，使主体形象更加突出。调和主要是在不同的造型要素中强调其共性，使矛盾达到协调。

图 5.86

图 5.87

图形的对比关系太强，就会对视觉产生强烈的刺激效果。过于调和时，就会产生乏味的单调感。调和具有安静、含蓄、协调之美，对比则有鲜明、刺激、醒目、振奋之感。两者同时强调，则无法形成美感。因此，保持对比中求调和、调和中求对比，才能获得较好的画面效果，如图 5.88、图 5.89 所示。

图 5.88

图 5.89

4. 节奏与韵律

节奏与韵律本是音乐术语，节奏指音乐中音响节拍轻重缓急的变化和重复；韵律原指音乐、诗歌中的声韵和节奏，和谐为韵，有规律的节奏为律，节奏的连续、重复形成韵律，是具有时间感的用语。表现在艺术设计上是指以同一视觉要素有秩序地连续重复和渐变所产生的运动感，如图 5.90、图 5.91 所示。

图 5.90

图 5.91

在客观事物中，有高低起伏、曲直转折、来回反复、收缩扩张、有动有静等各种自然现象，这些现象必然产生递进的变化。在图案表现中，必须通过构图的强弱、空间的虚实、结构的疏密、造型的大小、色彩的浓淡来表现，如图 5.92、图 5.93 所示。

图 5.92

图 5.93

5.4.2 图案的造型特征

1. 秩序鲜明

与其他视觉艺术形式相比，装饰图案有极为鲜明的秩序感。自然万物的本身就有着一定的秩序性，如植物的叶子、花瓣的排列，鸟羽的排列、鱼鳞的排列等，秩序是美的重要属性之一，把事物看成"秩序化"是人的视觉思维的一个基本趋向，图案便是人的这一视觉趋向的典型产物，如图 5.94 所示。可以说，图案的创造过程就是把对象秩序化的过程。在图案中，这种秩序是鲜明的、简练的、规整的，是通过提炼抽象、删繁就简、夸张变形等手段创造出来的，体现了创造者的审美主观能动性。

2. 单纯概括

装饰图案的造型一般都较为单纯、概括，运用的造型元素也比较有限，比如线条的运用要求尽量保持一致，不追求强弱、疾徐、粗细等变化。用色也是限定在几种色彩内，图的形态也尽量相似和一致。因为只有减弱细节和局部的变化才能突出整体的节奏感、秩序感，如图 5.95 所示。

概括与简化是装饰图案造型的基本方法。是将自然状态中客观对象的外形、色彩、质感中的细节加以提炼、概括，而保留与强调对象最具特征的地方，使图案造型更典型、更美观、更具独创性，如图 5.96 所示。

图 5.94

图 5.95

图 5.96

3. 平面规整

装饰图案大多运用于器物的表面，因为图案不能影响人们对器物的整体感受，所以图案一般都有平面化的特性，即不追求甚至抵制形象的纵深感。而且，实际的物体都是具有体积的，而图案的平面性使它与其他事物产生了明显的差别，这样反而突出了自身。

图案的规整性主要体现在两个方面：一方面是图案的形象和骨格追求形态的清晰性，即用一些如圆形、三角形、菱形、方形、椭圆形等形态来组构图案；另一方面是图案制作时要避免随意性，要有一定的机械感和明晰的数理关系。这与强调手工绘制感有了很大的差别，与绘制主体的个体特性的绘画也有了很大的差别。同时，装饰图案的表现始终和材料及其制作工艺结合在一起，材料的特性、质感、肌理和制作工艺等，决定了装饰图案的形式，如图 5.97～图 5.98 所示。

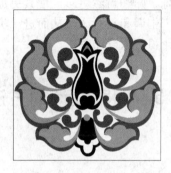

图 5.97   图 5.98   图 5.99

 特 别 提 示

将自然物象进行平面化处理，是装饰图案最基本的表现方法。通常在简化、概括与平面化处理的基础上，才能对图案进行进一步的艺术加工。

4. 寓意深刻

在图案中，表达吉祥的寓意是中国文化的一大特色。中国传统图案中多寓有吉祥的含义，如龙凤呈祥、五子登科、百年好合、招财进宝、喜上枝头。也就是说，吉祥寓意是图案中的一个重要创意。当然，吉祥寓意不仅仅是中国传统社会的生活理想，今天一切美好的生活愿望和社会伦理规范都可当作是吉祥寓意。这种创意使图案具有了浓厚的理想化色彩，出于一种质朴的思想感情和审美需求。如利用谐音、象征等手法表示吉祥含义；金鱼与金玉、蝠与福、橘与吉、羊与祥、瓶与平、莲花与鱼表示连年有余，这些都属于谐音寓意；牡丹表示富贵、荷花表示高洁、石榴寓意多子、方胜盘长代表无穷无尽等都是象征寓意。

中国传统文化强调求全美满、中正平和、周而复始、生生不息的观念，体现在图案中就是采用周全饱满的圆形和平稳规整的方形作为图案基本形态或骨格。为达到理想化状态，人们通常打破自然中的时空观念和逻辑关系对装饰构图的束缚。如春夏秋冬四时之景可以同处于一个画面中，四时的花果可以共同盛开在一棵树上。在装饰图案中，这些不同过程、不同情节的场面被人为地组织在一起，使构图形式灵活自由、寓意丰富，创造出一种现实生活中所没有的理想境界。

5.4.3 图案的色彩要求

色彩是图案设计中重要的组成要素之一，它与图案的构图、造型构成了图案内容的三要素。如果造型能给人直观的艺术欣赏，色彩就给人带来视觉兴奋和情感传达。色彩可以通过刺激人的视网膜神经产生一定的心理作用，并赋予人们各种美感。人类对世界的认知很多方面都是来源于色彩，色彩已经与人们的生活密不可分。色彩不仅运用于图案设计，在人类的日常生活中也占有很重要的地位。

图案色彩设计是一种理性用色，它是根据色彩规律、色彩功能、色彩的象征等，运用色彩调配方法，进行概括、提炼、归纳自然色彩，使其更加装饰与条理。在设计色彩中，通过明度、纯度、色相的变化产生调和与对比，从而进一步科学地认识色彩设计的规律，并能够将其规律应用于图案设计和艺术设计中。

5.5 图案设计的方法

5.5.1 图案创意、造型的方法

1. 设计素材的特征分析

图案造型的第一步是分析把握素材的特征。世上没有两个完全相同的事物，事物都具有各自独特的形式，一个事物跟另一个事物不相同的地方就是特征。它可以是外貌上的、生长规律上的、生长组织上的、局部的特色等任何方面。分析素材特征主要有以下方法。

1）从整体上分析把握素材的特征

以全方位的角度观察对象，用正视、侧视、俯视甚至是剖视的视角，抓住事物的整体特征。可以从物体的组织结构观察，解析事物的整体特征是类似正方形的长方形的、圆形的、椭圆形的、三角形的，还是类似于几种形式的组合；可以从事物的生长规律、组织形式观察它们的组织方式，分析它们是直线式的、曲线式的还是旋转式的，还可以从动态形式、规律等入手。

同一个事物通过各种形式的观察，可以发掘事物不同的特征，从而塑造出各种基本形。在同一个角度把握整体形象组织结构的方法，如图 5.100 所示。从不同角度观察把握对象整体形象的方法，如图 5.101 所示。

2）从局部把握分析素材的特征

俗话说"窥一斑而见全豹"，可见特征明显的局部可以代表整体，甚至可以代替整体形象出现，这就是局部特征的效果。局部的特征可以从结构特点、组织形式及纹理特征等方面把握局部特点。局部特征分析主要可以通过两方面进行：一是具有代表性局部的方法，如图 5.102 所示；二是具有特点纹理的方法，如图 5.103 所示。

图·5.100

图 5.101

图 5.102

图 5.103

2. 依据素材特征进行变形

图案造型的第二步就是抓住素材的特征进行变形。把握好事物的特征以后，要对事物原形素材进行理想化的变形。变形从基本形入手，而变形的依据就是事物整体、局部的特征。

1）几何化变形法

几何化是一种简化的过程。这种手法抽取富于表现特征的因素，用方、圆、三角、曲线等有规律的几何形式概括形象。把原本无规律的外形变得规律化，使造型规则整齐，形成极为简练的图形。简单地说，就是要使外形的直线更直、曲线更圆滑优美。几何化是最基本的变形手法之一。

（1）直线、方形化方法。就是用直线表现对象外形使其更具理性化、更具力量感、更加硬朗，要点是以线与线之间的转角清晰地表现对象结构的转折处，如图 5.104～图 5.106 所示。

图 5.104

图 5.105

图 5.106

（2）曲线、圆弧化方法。就是用曲线、连贯的弧线表现对象外形，使其形象更柔美、轻逸、厚实，如图5.107～图5.109所示。

（3）综合运用方法。就是方中有圆、圆中有方，这种方法会使画面表现形式更多样、丰富，如图5.110～图5.112所示。

图 5.107

图 5.108

图 5.109

图 5.110

图 5.111

图 5.112

2）夸张变形法

这是一种以几何手法为基础，针对对象的特征进行主观的放大或缩小、增长或减短等形式的变形手法。夸张手法强调、加强对象的特征，使其个性更加鲜明、更典型化，同时具有强烈的视觉冲击力。

（1）形态夸张的方法。是使形象特征更强烈，趋向性更大：趋向更短、趋向更长、趋向线条，如图5.113～图5.115所示。

图 5.113

图 5.114

图 5.115

（2）局部夸张的方法，是指抓住最具特征的一点，以特写的方法突出，同时减弱或者省略次要部分，如图5.116～图5.118所示。

（3）综合运用的方法，形态的夸张、局部的夸张有机结合，会产生更独特的视觉刺激，如图 5.119～图 5.121 所示。

图 5.116

图 5.117

图 5.118

图 5.119

图 5.120

图 5.121

3. 基本形细化装饰

图案造型的第三步就是对基本形内部进行细化装饰。只有基本外形的变化是不够的，还需要往里面填充内容，图案才能丰富饱满。这个过程就是所谓的内部装饰。一般经过基本形设计以后，图形会形成几块空白的面积。这些空白的面积就是内部装饰时需要进行填充的空格，设计者在对图形进行丰富之前可先根据情况对这些空格进行分割细化。

1）细化造型空格的方法

（1）几何分割方法。就是用直线方形、曲线弧形或者方、圆、菱形等几何形式把外形分成不同部分的格子，如图 5.122 所示。

（2）套形分割方法。就是在外形里面再画上其他事物的外形，用其他事物的外形形成形态各异的格子，如图 5.123 所示。

（3）结构分割方法。就是把事物外形本身的各部分结构画出来形成格子，如图 5.124 所示。

图 5.122

图 5.123

图 5.124

2）填充空格的方法

（1）几何形填充方法。用菱形、波浪形、圆形、方形等几何抽象形填充到格子里进行装饰，如图5.125所示。

图 5.125

（2）外形填充方法。使用其他事物的外形填充到格子里进行丰富装饰，如图5.126所示。

图 5.126

（3）肌理填充方法。使用点、擦、拓、刮、纹理等各种肌理形式填充格子，如图5.127所示。

图 5.127

（4）综合元素填充运用方法。在进行内部装饰时，通常采用两种以上的装饰手法，这样才容易达到富饱满的效果，如图5.128所示。

图 5.128

4. 基础图案创意造型方法

创意方法建立在突破时间空间的观察方式基础上，并结合思维活动的造型方式。通过这种方法设计出的图案造型更能体现设计者的意象思维。设计者通过观察并进行思考、想象，突破时间、空间、比例关系约束等，最后依照设计需要进行创作。这一造型方法讲究设计者的艺术创意思维，需要造型的内容和形式相适应，使两者完美结合最终获得理想效果。

创意就是具有新颖和创造性的想法，它能使图案更具深刻的含义。创意方法确切地说是将两个看似无关的元素做出出乎意料的结合，从而让人以一种全新的角度来看待这个事物，并展现作者丰富的想象。简单来说，创意就是一种奇妙的组合。下面介绍 3 种创意造型方法。

1）添加

添加是依照作者的主观设想在一图形上添加别的形象，以此组成一个全新的图案形态。这是一种超越自然形态的变化手段。添加方法的目的是追求超越和丰富图案形象。经过添加的图案强化了图案的寓意性并使画面具有鲜明的主题，如图 5.129 所示。

2）置换

置换又称为张冠李戴，主要是将某种事物的某一特定组成元素与另一种本不属于这一事物的元素进行替换。这是一种非现实性的构造，通过这种手法突破原本事物所具有意义的局限，传达出新的意义，如图 5.130 所示。

3）共用

共用形式是经过巧妙构思让两种或两种以上图形相互依存，共同存在于同一个形体、同一空间，或者共同使用同一边缘，构成缺一不可的统一体图形。这种造型以简单的形式出现，产生丰富的内涵，如图 5.131 所示。

图 5.129

图 5.130

图 5.131

5.5.2 图案设计的变化方法

图案设计的变化方法主要有以下几种。

1. 省略归纳法

省略法是图案设计变化手法中常用的一种方法。从图案的角度看，自然形态较复杂、烦琐，不符合图案美的需要。因此，需要把杂乱、琐碎的形体进行省略归纳，使之具有调和规律的美感。

省略归纳法是在自然的基础上进行的，是提炼与概括的结果，是使繁杂变简单的一种艺术再创造形式。但省略并不是简单的少画，而是去掉一些不重要的、缺少装饰特点的细节部分，使其造型更简洁、典型，如图 5.132 所示。

2. 夸张法

夸张法是运用丰富的想象力，在客观现实的基础上有目的地放大或缩小事物的形象特征，以增强表达效果的修辞手法，也称为夸饰或铺张。

在图案设计中，夸张则是在图形概括的基础上进行的。在夸张变形中，大小、多少、曲直、粗细等造型变化是必不可少的因素，其目的是进一步强调对象的特点，突出对象的个性，使形象显得更加丰富和生动。因此，夸张也是图案设计手法中的一个重要手段，如图 5.133 所示。

3. 添加法

添加法是将省略、夸张了的形象，根据设计要求，在外轮廓中加饰各种纹样，使之更丰富的手法。添加法是一种先减后加的手法，但又不是回到原来的形态，而是对原来形象的加工、提炼，使之更加美化，更富有变化。

运用添加法的时候，切忌生搬硬套、画蛇添足，必须注意形式上的统一，注意所添加的内容是否与原纹样在风格上一致，视觉上是否协调。添加时，所添加的图形可以与原图形内容无关，但却要考虑所添加的图形能否给予原有形象更新的含义与境界，能否使形象更加完美，如图 5.134 所示。

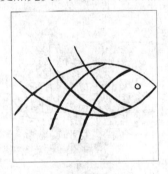
图 5.132

图 5.133

图 5.134

4. 巧合法

巧合法就是巧妙组合的方法。巧合法利用形与形之间的组合关系，运用对象特征，选用其典型部分，按照图案的规律，巧妙地组成一种新的图案形象，如图 5.135 所示。

5. 几何法

几何法是在对物形省略、夸张之后，再把概括后的形象中所有的物形都处理成几何形象。即把所有的线都变成直线、折线或弧线等。这些变形的倾向是理性的、几何学的，其变化的逻辑性比较强，属于理性较强的变化方式，如图 5.136 所示。

图 5.135

图 5.136

6. 寓意法

人们把对吉祥的祈求和愿望用具体事物加以表现，以此来表示对某事的赞颂与祝愿称为寓意。如鸳鸯喻夫妻恩爱，松鹤喻延年益寿，麒麟喻送子，石榴喻多子等。寓意法在图案设计中运用比较广泛，特别是在民间传统图案中，如图 5.137 所示。

7. 分解重构法

分解重构法即将原有形态进行分解、打散，再运用形状、面积放大、缩小变形、夸张、对比、重叠等手法进行重新组合，以此使原有的图形和空间发生根本变化，形散而神不散，有时也可以说"空间即形，形即空间"。

分解重构法具有很强的图案装饰效果。它与立体派绘画的表现形式极为相似，变化幅度也很大，有时会出现意想不到的艺术效果，如图 5.138 所示。

图 5.137

图 5.138

5.6 图案的构成形式

图案在实际应用过程中，由于使用目的不同，所以在构成形式上各具特色，图案的应用形式通常分为单独图案纹样、适合图案纹样、连续图案纹样 3 类。

5.6.1 图案纹样构成形式

1. 单独图案纹样

一个独立的、单个完整的图案纹样，称为单独图案纹样。如一枝花、一个动物或一座建筑等，都可以组成一个单独纹样。通常，这种图案形象的变化或动势，既不受任何外形的约束，也不重复自身，所以，在艺术表达上只要使人感到形态自然、结构完整即可。与此同时，单独图案纹样也是图案构成的基本单位，是组成其他图案的造型基础，如适合纹样、二方连续纹样、四方连续纹样等都是由独立纹样组成的。

单独图案纹样的骨格表达形式可分为对称式、均衡式两种表现类型。

1) 对称式单独图案纹样

它是指中轴线两侧的画面造型要素完全一样或略有变化的单独图案骨格组织方式，也称均齐式。对称一向以其理性与秩序的造型特性成为古今中外人们颇为喜爱的艺术构成形式，如图 5.139 所示。它可分为绝对对称和相对对称。常见对称式单独图案可分左右、上下、相对、相背、转换、交叉、综合等组织形式。

2) 均衡式单独图案纹样

它是指依据中轴线或中心点采取的等量不等形的单独图案骨格组织方式。均衡式单独图案纹样使人感到生动、新颖，变化丰富，如图 5.140 所示。均衡式单独图案纹样又分为涡形、S 形、相对、相背、交叉、折线、综合等多种表现形式。其中，交叉法是中国传统花卉单独图案纹样创作的重要骨格表达形式。依此构成的画面图案造型显得气韵生动，颇具动感，如图 5.141 所示。

图 5.139   图 5.140   图 5.141

2. 适合图案纹样

图案有载体，即它的装饰对象，因此，图案创作必然受到装饰对象的外形限制，于是产生了适合图案纹样，即适合于外形需求的图案样式。适合图案纹样具有严谨与适形的艺术特点。但是，严谨与适形并不意味着呆板生硬。表达合理同样会显得生动自然、情趣盎然，例如，铜镜上的装饰图案、瓦当图案、肚兜图案等，如图 5.142～图 5.150 所示。

适合图案的外形类别主要包括规则形与非规则形两类。常见的规则形有方形、圆形、三角形、多边形、综合形等几何形；非规则形主要指自然形中的果形（如桃形、葫芦形等）、花形（如梅花形、海棠花形等）、文字形（如喜字形、寿字形等）、器物形（如瓶形、扇形等）。一般而言，自然形是民间图案艺术中最为喜闻乐见的装饰表达形式，至今依然魅力不衰。

适合图案纹样同单独图案纹样一样，基本上分为对称与均衡两种骨格表达形式。适合图案纹样的对称式骨格，除可延用单独图案纹样的骨格形式外，还包括反转式、发射式、旋转式等几种表达方式。

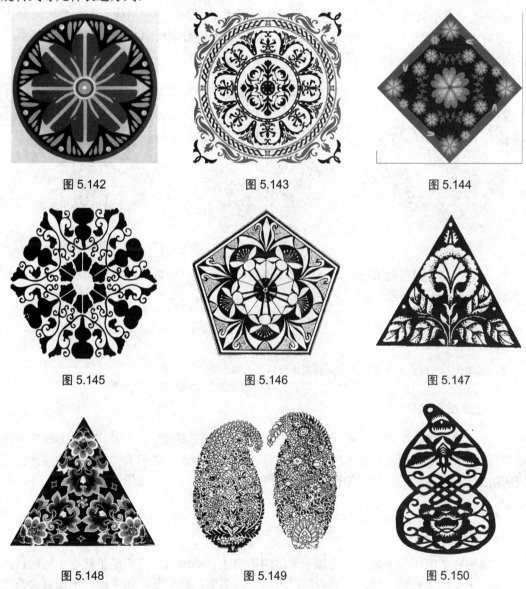

图 5.142	图 5.143	图 5.144
图 5.145	图 5.146	图 5.147
图 5.148	图 5.149	图 5.150

1）反转式

反转式是指在一个轮廓形内，通过对两个相同的纹样形进行上下或正反位置方向调换而形成的骨格构图形式。在民间剪纸、蜡染和宋瓷的装饰中，常能看到这种你追我赶、难分难舍的图案造型，如图 5.151 所示。

2）发射式

发射式是指带有方向性的纹样骨格组合形式，通常由直线构成。该纹样的骨格运动方向，若向外发射，称为离心发射；反之，称为向心发射。离向结合的发射形式也常见。由于发射式构成一般是由若干个单位基形组织而成，因此形象之间的相互穿插、衔接就显得至关重要。若表达合理，则画面显得严谨完整，如图 5.152 所示。否则，将会显得杂乱无章，缺乏组织。

3）旋转式

旋转式与发射式大致相同。不过，这种构成形式采用由线作骨格线，因此具有流畅优美、运动感强的画面效果。在历史上，这种骨格构成也称为炯格图案，如图 5.153 所示。其可分为内旋、外旋和内外结合 3 种。

图 5.151　　　　　　图 5.152　　　　　　图 5.153

由于上述适合图案构成形式都是由几个相同的单位组合而成的，所以比左右对称的纹样构成显得更加丰富多彩。

特 别 提 示

适合图案纹样的均衡式骨格形式与单独图案纹样的大同小异。

3. 连续图案纹样

连续图案纹样是指由一个单元纹样向左右或四方有规律地持续扩展，使其形成较大面积纹样的图案构成类别。其艺术特色是条理性、秩序性、连续性和节奏感强。连续图案纹样的构成形式主要有二方连续和四方连续两种。连续图案纹样在这里不多介绍，可参考重复构成部分。

5.6.2　形态的层次关系

在装饰形态的层次表现上，绘画中严格的透视法、明暗法、虚实法虽然在个别时候还发挥着作用，但从整体来讲，这些方法已不重要。图案创作常常运用平面化的形式来表现层次关系，并要求以此取得良好的视觉效果。其具体表现规律如下。

1. 形态大小的层次关系

同类的形态，以互不重叠的形式出现时，大的形态在前，小的形态在后。但若形态与形态相互重叠，以比较写实的方式出现时，情况则不同，如图 5.154 所示。

2. 相似形态的层次关系

相似形态规则或不规则地排列时，往往下部的形态在前，上部的形态在后。

3. 形态叠压所产生的层次

除透叠外，形与形的叠压也可以产生明确的前后关系：完整的形态在前，被遮挡的不完整的形态在后。当前边的形态作为主体出现时，通常是将主要的黑白变化用于前者，后者则相对减弱；并常将那些个性强的形态安排在前面，后面的形态则相对简练，这对前面的形态会起到有效的衬托作用，如图 5.155 所示。

图 5.154

图 5.155

特 别 提 示

在形态层次的处理方面，有时为了追求特殊的视觉效果，往往要打破正常的视觉规律，人为地制造空间矛盾。这种矛盾是因画面构图的需要而设置的，但不可过多，否则会使画面杂乱而不规范。

5.7 图案设计创意案例

5.7.1 人物图案

人物图案案例如图 5.156～图 5.164 所示。

图 5.156

图 5.157

图 5.158

图 5.159

图 5.160

图 5.161

图 5.162

图 5.163

图 5.164

5.7.2　动物图案

动物图案案例如图 5.165～图 5.170 所示。

图 5.165

图 5.166

图 5.167

图 5.168

图 5.169

图 5.170

5.7.3 植物图案

植物图案案例如图 5.171～图 5.176 所示。

图 5.171

图 5.172

图 5.173

图 5.174

图 5.175

图 5.176

5.7.4 风景图案

风景图案案例如图 5.177～图 5.182 所示。

图 5.177

图 5.178

图 5.179

图 5.180

图 5.181

图 5.182

推荐阅读资料

[1] 杨娜, 红方. 图案设计[M]. 北京：中国传媒大学出版社, 2010.

[2] 杨永波. 基础图案设计[M]. 南宁：广西美术出版社, 2012.

[3] 文峰, 李鹏, 姚夏宁, 柳瑞波. 图案设计[M]. 北京：中国青年出版社, 2011.

[4] 蔡从烈, 秦栗. 经典图案 风景综合篇[M]. 武汉：湖北美术出版社, 2012.

[5] 秦栗, 张艳, 蔡从烈. 经典图案 花卉综合篇[M]. 武汉：湖北美术出版社, 2012.

[6] 张如画, 徐丰, 张嘉铭. 四大变化装饰图案创意：人物与动物（上）[M]. 长春：吉林美术出版社, 2010.

[7] 张如画, 徐丰, 张嘉铭. 四大变化装饰图案创意：花卉与风景（下）[M]. 长春：吉林美术出版社, 2010.

习 题

1. 图案的概念及图案的作用。
2. 图案的分类及图案的发展。
3. 图案的形式美法则。
4. 图案的造型特征。
5. 图案的色彩要求。
6. 图案的基本表现方法。
7. 图案创意、造型的方法。
8. 图案设计的变化方法。
9. 图案纹样构成形式。
10. 图案形态的层次关系。

综 合 实 训

图案设计

【实训目标】

了解图案的概念及图案在视觉形象设计中的作用，对现代视觉传达的意义，掌握图案设计的原则和方法。

【实训要求】

主题明确，造型合理，形象能够为设计主题服务，方法使用灵活得当。

模块 **6**

建筑设计初步

学习目标

1. 明确建筑的概念、建筑设计的概念、建筑的构成要素。
2. 掌握建筑设计方案的创意方法及程序。
3. 了解建筑设计的注意事项。

学习要求

能力目标	知识要点	相关实验或实训	重点
熟悉	建筑、建筑设计的概念		
掌握	建筑设计方案的创意方法		★
理解	建筑设计的注意事项		

6.1 建筑概述

6.1.1 建筑的概念

什么是建筑? 建筑是建筑物与构筑物的总称, 是人们为了满足社会生活需要, 利用所掌握的物质技术手段, 并运用一定的科学规律、风水理念和美学法则创造的人工环境。

1. 建筑及其范围

建造房屋是人类最早的生产活动之一。早在原始社会, 人们用树枝、石块构筑巢穴躲避风雨和野兽的侵袭, 开始了最原始的建筑活动。阶级产生了, 出现了供统治阶级住的宫殿、府邸、庄园、别墅, 供统治者灵魂"住"的陵墓及神"住"的庙宇。生产发展了, 出现了作坊、工厂以至现代化的大工厂。商品交换产生了, 出现了店铺、钱庄乃至现代化的商场、百货公司、交易所、银行、贸易中心。交通发展了, 出现了驿站、码头直到现代化的港口、车站、地下铁道、机场。科学文化发展了, 出现了书院、家塾直到近代化的学校和科学研究建筑。随着社会的不断发展, 房屋早已超出了一般居住范围, 建筑类型也日益丰富。建筑技术的不断提高, 建筑的形象随之发生着巨大的变化。典型建筑如图6.1、图6.2所示。

图 6.1

图 6.2

总体来说, 建筑的目的就是取得一种人为的环境, 供人们从事各种活动。所谓人为, 是指建造房屋要工要料, 而房屋一经建成, 这种人为的环境就产生了。它不但提供人们一个有遮掩的内部空间, 同时也带来了一个不同于原来的外部空间。

一个建筑物可以包含各种不同的内部空间, 但它同时又被包含于周围的外部空间之中, 建筑正是这样以它所形成的各种内部的、外部的空间, 为人们的生活创造工作、学习、休息等多种多样的环境。某些特殊的工程, 如纪念碑、桥梁、水坝等的艺术造型部分, 也属于建筑面范围。城市的建设和个体建筑物的设计在许多方面基本道理是相通的, 它实际上是在更大的范围内为人们创造各种必需的环境, 这种工作称为城市规划, 这也属于建筑的范围。

2. 建筑技术和建筑艺术

建造房屋不是件轻而易举的事情，它意味着要耗费大量的材料、人力，并需要一定的技术。建筑是一种技术工程，它和机电、道路、水利等工程一样，是为着某种使用上的目的而需要通过物质材料和工程技术去实现的，所以它是人类社会的一项物质产品。

建筑有着不同于其他工程的特点，建筑的目的是为人的各种活动提供良好的环境，人们不仅要求建筑物使用方便，同时也总是希望把房屋建得尽可能美观一些，就是说人对建筑有物质的要求，又有精神的要求。建筑正是以它的形体和它所构成的空间给人以精神上的感受，满足人们一定的审美要求，这就是建筑艺术的作用。建筑艺术不同于音乐、绘画、雕刻等其他艺术，建筑有实用的价值，它耗费大量的人力、物力，建筑艺术正是以这种实用和技术为基础的，建筑艺术是人类艺术宝库中的一个独特的组成部分，如图6.3所示。

图 6.3

3. 建筑和社会

1）社会生产方式的变化使建筑不断地发展

埃及的金字塔群是古埃及奴隶主的陵墓。这样规模宏大的建筑群，建造这样巨大建筑以部族为单位的原始社会是不可能的，只有奴隶社会才可以提供那样大量而集中的劳动力，使之得以完成。法国巴黎圣母院是欧洲中世纪封建社会的宗教建筑的代表。使用了石、金属、彩色玻璃等多种材料，采用了一种叫骨架券和飞券结构的建造技术，这说明封建社会比奴隶社会的生产力又得到了发展，能够为建筑提供较多的材料和技术。北京故宫华丽壮观，壁垒森严，又等次分明。作为封建社会的最高统治中心，生动地反映出社会的阶级关系，同时又说明了社会生产力对建筑的限制。落后的技术造就了豪华的殿堂，建筑绝大部分采用了天然材料，沿用数千年之久的木结构构架形式没有多大改变。近代高层和超高层建筑，在形象、空间等等多个方面都表现出了建筑的材料和建筑技术的快速发展与提高，表现出现代化的特点，这是以前的社会生产方式永远无法实现的。

2）社会思想意识民族文化特征对建筑的影响

在阶级社会中，统治阶级的思想意识总是居于主导地位，建筑作为统治阶级的物质财富和精神财富，必然会受到这种思想意识的影响。这在我国长期的封建社会中，表现得十分明显，帝位的世袭制度，官爵的等级制度都可以从建筑中得到反映。社会制度的变革，常常是以一场曲折激烈的思想意识斗争为前奏，有时它会波及文化艺术的各个领域。在欧洲的文艺复兴运动中，新兴的资产阶级曾以复兴古希腊、古罗马文化为武器，反对中世纪教会的封建统治，从而给那个时期的建筑发展带来了巨大的影响。纪念性建筑常常集中地体现出时代或社会的思想意识特点，它记载着建造者对某些重大事件、人物等的态度和评价。

民族或地区的文化特征都是在长期的社会发展中形成的，在一定的历史条件下，建筑和雕刻、绘画等常常形成艺术上的统一风格，在西方古代建筑中，雕刻几乎是一个不可分割的组成部分。在我国传统建筑中，则常常通过匾额、楹联强调建筑的主题，用题名的方式点出整个建筑环境的诗情画意，表现了建筑与文学艺术间的密切联系，如图 6.4、图 6.5 所示。宗教几乎无例外地给世界各民族的建筑带来过影响，它力图通过建筑形象表现宗教意识，从而给一些民族或地区的建筑增添了特色。

图 6.4

图 6.5

3）地区自然条件的影响

民族的和自然条件对建筑的形成和发展也有一定影响。在技术不发达的古代，气候条件和自然资源的限制尤为明显，从而使各地区的建筑在结构形式、功能使用和艺术风格等各方面无不表现出自己的特点。这种强烈的地区特征正是那里人们利用自然、改造自然的记录。

建筑与周围自然环境的结合，造成了丰富多彩的地方特色，即使在同一个国家或民族内，处于山区和处于水乡的建筑也会表现出不同的风貌。地区气候的差异更会直接影响建筑的内部布局和外观形象。

6.1.2 建筑的基本构成要素

建筑要满足人的使用要求，建筑需要技术，建筑涉及艺术。建筑虽因社会的发展而变化，但这三者却始终是构成一个建筑物的基本内容。

1. 建筑的功能

建筑可以按不同的使用要求，分为居住、教育、交通、医疗等许多类型，但各种类型的建筑都应该满足下述基本的功能要求。

1）人体活动尺度的要求

人在建筑所形成的空间里活动，人体的各种活动尺度与建筑空间具有十分密切的关系，为了满足使用活动的需要，首先应该熟悉人体活动的一些基本尺度。

2）人的生理要求

它主要包括对建筑物的朝向、保温、防潮、隔热、隔声、通风、采光、照明等方面的要求，这都是满足人们生产或生活所必需的条件。随着物质技术水平的提高，满足上述生理要求的可能性将会日益增大，如改进材料的各种物理性能，使用机械通风辅助或代替自然通风等。

3）使用过程和特点的要求

人们在各种类型的建筑中活动，经常是按照一定的顺序或路线进行的。如一个合乎使用的铁路旅客站必须充分考虑旅客的活动顺序和特点，才能合理地安排好售票厅、大厅、候车室、进出站口等各部分之间的关系。

各种建筑在使用上又常具有某些特点，如影剧院建筑的看和听，图书馆建筑的出纳管理，实验室对温度、湿度的要求等，它们直接影响着建筑的功能使用。

2．物质技术条件

建筑的物质技术条件主要包括建筑的材料、结构、施工技术和建筑中的各种设备等。

1）建筑结构

结构是建筑的骨架，它为建筑提供合乎使用的空间并承受建筑物的全部荷载，抵抗由于风雪、地震、土壤沉陷、温度变化等可能对建筑引起的损坏。结构的坚固程度直接影响着建筑物的安全和寿命。建筑的构造组成如图 6.6 所示。

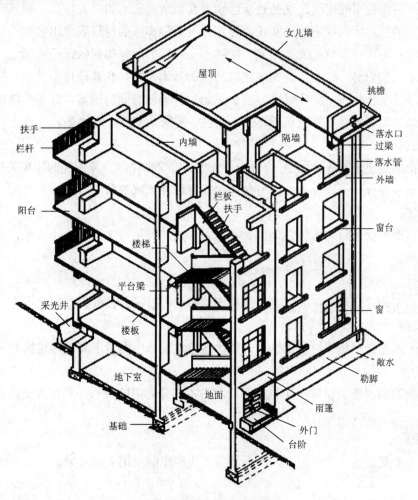

图 6.6　建筑的构造组成

2）建筑材料

建筑材料对于结构的发展有重要的意义，砖的出现，使得拱券结构得以发展，钢和水泥的出现促进了高层框架结构和大跨度空间结构的发展，而塑胶材料则带来了面目全新的充气建筑。同样，材料对建筑的装修和构造也十分重要，玻璃的出现给建筑的采光带来了方便，油毡的出现解决了平屋顶的防水问题。

3）建筑施工

建筑物通过施工把设计变为现实。建筑施工一般包括两个方面。

施工技术：主要是人的操作熟练程度，施工工具和机械、施工方法等。

施工组织：主要是材料的运输、进度的安排、人力的调配等。

3. 建筑形象

建筑形象可以简单地解释为建筑的观感或美观问题。

建筑有可供使用的空间，这是建筑区别于其他造型艺术的最大特点；和建筑空间相对存在的是它的实体所表现出的形和线；建筑通过各种实际的材料表现出它们不同的色彩和质感；光线和阴影（天然光或人工光）能够加强建筑的形体的起伏凹凸的感觉，从而增添它们的艺术表现力等，这些都是构成建筑形象的基本手段。和其他造型艺术一样，建筑形象的问题涉及文化传统、民族风格、社会思想意识等多方面的因素，并不单纯是一个美观的问题。建筑美观的基本原则包括比例、尺度、均衡、韵律、对比等。

1）比例

比例指的是建筑的各种大小、高矮、长短、宽窄、厚薄、深浅等的比较关系。建筑的整体，建筑各部分之间以及各部分自身都存在有这种比较关系。

2）尺度

尺度主要是指建筑与人体之间的大小关系和建筑各部分之间的大小关系，从而形成一种大小感。

3）对比

事物总是通过比较存在的，艺术上对比的手法可以达到强调和夸张的作用。

4）韵律

韵律一般是指有规律的重复排列，韵律在建筑设计中经常用其表达建筑的变化。

5）均衡

建筑的均衡问题主要是指建筑的前后左右各部分之间的关系，要给人安定、平衡和完整的感觉。

6）稳定

稳定主要是指建筑物的上下关系在造型上所产生的一定艺术效果。

6.2 建筑方案设计初步

6.2.1 建筑设计的概念

1. 建筑设计的职责范围

建筑设计是指建筑物在建造之前，设计者按照建设任务，把施工过程和使用过程中所存在的或可能发生的问题，事先作好通盘的设想，拟定好解决这些问题的办法、方案，用图纸和文件表达出来。作为备料、施工组织工作和各工种在制作、建造工作中互相配合协作的共同依据。

建筑设计一般包括方案设计、初步设计、施工图设计三大部分。三个部分的内容相互联系相互制约，并且有明确的职责分工。方案设计是建筑设计的第一阶段，担负着确立建筑设计的思想、意图，并将其形象化的职责，对整改建筑设计过程起着开创性和导向性的作用；初步设计与施工图设计则是在此基础上逐步落实建筑经济、技术、材料等物质需求，是将设计意图逐步转化成真实建筑的筹划阶段。

2. 建筑设计的特点与要求

建筑设计作为一个全新的学习内容完全不同于制图技法训练，与形态构成训练比较也有本质的区别。方案设计的特点可以概括为 5 个方面，即创作性、综合性、双重性、过程性和社会性。

1）创作性

创作是与制作相对而言的。制作是指遵循一定的操作技法，按部就班的造物活动，其特点是行为的可重复性和可模仿性，如建筑制图、工业产品制作等；而创作属于创新创造范畴，所仰赖的是主体丰富的想象力和灵活开放的思维方式，其目的是以不断的创新完善和发展其工作对象的内在功能或外在形式，这些是重复、模仿等制作行为所不能替代的。

建筑设计作为一种高尚的创作活动，它要求创作主体具有丰富的想象力和较高的审美能力、灵活开放的思维方式及勇于克服困难、挑战权威的决心与毅力。

2）综合性

建筑设计是一门综合性学科，除了建筑学外，它还涉及结构、材料、经济、社会、文化、环境、行为、心理等众多学科内容。

3）双重性

与其他学科比较，思维方式的双重性是建筑设计思维活动的突出特点。建筑设计过程可以概括为分析研究—构思设计—分析选择—再构思设计……如此循环发展的过程，建筑师在每一个分析阶段（包括前期的条件、环境、经济分析研究和各阶段的优化分析选择）所运用的主要是分析概括、总结归纳、决策选择等基本的逻辑思维的方式，以此确立设计与选择的基础依据；而在各个构思设计阶段，建筑师主要运用的则是形象思维，即借助个人丰富的想象力和创造力把逻辑分析的结果发挥表达成为具体的建筑语言——三维乃至思维空间形态。因此，建筑设计必须兼顾逻辑思维和形象思维两个方面，不可偏废。

○ 特 别 提 示 ....

在建筑创作中如果弱化逻辑思维，建筑将缺少存在的合理性与可行性，成为名副其实的空中楼阁；反之，如果忽视了形象思维，建筑设计则丧失了创作的灵魂，最终得到的只是一具空洞乏味的躯壳。

4）过程性

人们认识事物都需要一个由浅入深循序渐进的过程。对于需要投入大量人力、物力、财力，关系到国计民生的建筑工程设计更不可能是一时一日之功就能够做到的，它需要一个相当严谨的过程：需要科学全面地分析调研，深入大胆地思考想象，需要不厌其烦地听取使用者的意见，需要在广泛论证的基础上优化选择方案，需要不断地推敲、修改、发展和完善。整个过程中的每一步都是互为因果，不可缺少的，只有如此才能保障设计方案的科学性、合理性与可行性。

5）社会性

尽管不同建筑师的作品有着不同的风格特点，从中反映出建筑师个人的价值取向与审美爱好，并由此成为建筑个性的重要组成部分；尽管建筑业主往往是以经济效益为建设的重要乃至唯一目的。但是，建筑从来都不是私人的收藏品，因为不管是私人住宅还是公共建筑，从它破土动工之日起就已具有了广泛的社会性，它已成为城市空间环境的一部分，居民无论喜欢与否都必须与之共处，它对居民的影响（正反两个方面）是客观存在的和不可回避的。

3. 方案设计的方法

在现实的建筑创作中，设计方法是多种多样的。针对不同的设计对象与建设环境，不同的建筑师会采取完全不同的方法与对策，并带来不同的甚至是完全对立的设计结果。在具体的设计方法上可以大致归纳为"先功能后形式"和"先形式后功能"两大类。

（1）"先功能"是以平面设计为起点，重点研究建筑的功能需求，当确立比较完善的平面关系后再据此转化成空间形象。其优势在于：第一，由于功能环境要求是具体而明确的，与造型设计相比，从功能平面入手更易于把握，易于操作；第二，因为功能满足是方案成立的首要条件，从平面入手优先考虑功能势必有利于尽快确立方案，提高设计效率。其不足之处在于：由于空间形象设计处于滞后被动位置，可能会在一定程度上制约了对建筑形象的创造性发挥。

（2）"先形式"则是从建筑的体型环境入手进行方案的设计构思，重点研究空间与造型，当确立一个比较满意的形体关系后，再反过来填充完善功能，并对体型进行相应的调整。如此循环往复，直到满足为止。其优势在于：设计者可以与功能等限定条件保持一定的距离，更利于自由发挥个人丰富的想象力与创造力，从而不乏富有新意的空间形象的产生。其缺点是：由于后期的"填充"、调整工作有相当的难度，对于功能复杂规模较大的项目有可能会事倍功半，甚至无功而返。因此，该方法比较适合于功能简单、规模不大、造型要求高、设计者又比较熟悉的建筑类型。

一般而言，建筑方案设计的过程大致可以划分为任务分析、方案构思和方案完善 3 个阶段，其顺序是过程，不是单向的、一次性的，需要循环往复才能完成。"先功能后形式"与"先形式后功能"两种设计方法均遵循这一过程，即经过前期任务分析阶段对设计对象的功能环境有了一个比较系统而深入的了解把握之后，才开始方案的构思，然后逐步完善，直到完成。两者的最大差别主要体现为方案构思的切入点与侧重点的不同。

两种方法并非截然对立的，对于那些具有丰富经验的建筑师来说，二者甚至是难以区分的。

6.2.2 建筑方案设计的任务分析

任务分析作为建筑设计的第一阶段工作，其目的就是通过对设计要求、地段环境、经济因素和相关规范资料等重要内容的系统、全面地分析研究，为方案设计确立科学的依据。

1. 设计要求的分析

设计要求主要是以建筑设计任务书形式出现的，它包括物质要求（功能空间要求）和精神要求（形式特点要求）两个方面。

1）功能空间的要求

（1）个体空间。一个具体的建筑是由若干个功能空间组合而成的，各个功能空间都有自己明确的功能需求，为了准确了解把握对象的设计要求，应对各个主要空间进行必要的分析研究，具体内容包括：体量大小、基本设施要求、位置关系、环境景观要求、空间属性等。

（2）整体功能关系。各功能空间是相互依托密切关联的，他们依据特定的内在关系共同构成一个有机整体。它主要包括：相互关系和密切程度。

2）形式特点要求

（1）建筑类型特点。不同类型的建筑有着不同的性格特点，因此必须准确地把握建筑的类型特点，是活泼的还是严肃的，是亲切的还是雄伟的，是高雅的还是热闹的等。而不可自以为是。

（2）使用者个性特点。除了对建筑的类型进行充分的分析研究，还应对使用者的职业、年龄及兴趣爱好等个性特点进行必要的分析研究。只有准确地把握使用者的个性特点，才能创作出为人们所接受并喜爱的建筑作品。

2. 环境条件的调查分析

环境条件是建筑设计的客观依据。通过对环境条件的调查分析可以很好地把握、认识地段环境的质量水平及其对建筑设计的制约影响，分清哪些条件因素是应充分利用的，哪些条件因素是可以通过改造而得以利用的，哪些因素又是必须进行回避的。

3. 经济技术因素分析

经济技术因素是指建设者所能提供用于建设的实际经济条件与可行的技术水平。它是确立建筑的档次质量、结构形式、材料应用及设备选择的决定性因素，是除功能环境之外影响建筑设计的第三大因素。

4. 相关资料的调研与搜集

学习并借鉴前人正反两个方面的实践经验，了解并掌握相关规范制度，既是避免走弯路，走回头路的有效方法，也是认识熟悉各类型建筑的最佳捷径。因此，为了学好建筑设计，必须学会搜集并使用相关资料。结合设计对象的具体特点，资料的搜集调研可以在第一阶段一次性完成，也可以穿插于设计之中有针对性地分阶段进行。

6.2.3 建筑方案设计的构思与选择

完成第一阶段后，设计者对设计要求、环境条件及前人的实践应该具有比较系统全面的了解与认识，并得出了一些原则性的结论，在此基础上可以开始方案的设计。本阶段的具体工作包括设计立意、方案构思和多方案比较。

1. 设计立意

如果把设计比喻为作文的话，那么设计立意就相当于文章的主题思想，它作为方案设计的行动原则和境界追求，其重要性不言而喻。

严格地讲，存在着基本和高级两个层次的设计立意。前者是以指导设计，满足最基本的建筑功能、环境条件为目的；后者则在此基础上通过对设计对象深层意义的理解与把握，谋求把设计推向一个更高的境界水平。

特 别 提 示

设计立意的好坏，不仅要看设计者认识把握问题的立足高度，还应该判别它的现实可行性。

2. 方案构思

方案构思是方案设计过程中至关重要的一个环节。如果说设计立意侧重于观念层次的理性思维，并呈现为抽象语言，那么方案构思则是借助于形象思维的力量，在立意的理念思想指导下，把第一阶段分析研究的成果落实成为具体的建筑形态，由此完成了从物质需求—思想理念—物质形象的质的转变。

以形象思维为其突出特征的方案构思依赖的是丰富多样的想象力与创造力，它所呈现的思维方式不是单一的，固定不变的，而是开放的，多样的和发散的，是不拘一格的，因而常常是出乎意料的。

构思的切入点可以从环境入手，从功能入手，由点及面，逐步发展，形成一个方案的雏形。

1) 从环境特点入手进行方案构思

富有个性特点的环境因素，如地形地貌、景观朝向及道路交通等均可成为方案构思的启发点和切入点。

2) 从具体功能特点入手进行方案构思

更圆满、更合理、更富有新意地满足功能需求一直是建筑师所梦寐以求的，具体设计实践中它往往是进行方案构思的主要突破口之一。

形象思维的特点也决定了具体方案构思的切入点必然是多种多样的，除了从环境、功能入手进行构思外，依据具体的任务需求特点、结构形式、经济因素乃至地方特色均可以成为设计构思可行的切入点与突破口。

另外需要特别强调的是，在具体的方案设计中，同时从多个方面进行构思，寻求突破（例如同时考虑功能、环境、经济、结构等多个方面），或者是在不同的设计构思阶段选择不同的侧重点（例如在总体布局时从环境入手，在平面设计时从功能入手等）都是最常用、最普遍的构思手段，这样既能保证构思的深入和独到，又可避免构思流于片面，走向极端。

3. 多方案比较

1）多方案的必要性

多方案构思是建筑设计目的性所要求的。无论是对于设计者还是建设者，方案构思是一个过程而不是目的，其最终目的是取得一个尽善尽美的实施方案。

多方案构思是民主参与意识所要求的。让使用者和管理者真正参与到建筑设计中来，是建筑以人为本这一追求的具体体现，多方案构思所伴随而来的分析、比较、选择的过程使其真正成为可能。这种参与不仅表现为评价选择设计者提出的设计成果，而且应该落实到对设计的发展方向乃至具体的处理方式提出质疑，发表见解，使方案设计这一行为活动真正担负其应有的社会责任。

特 别 提 示

多方案构思是建筑设计的本质反映。只要设计者没有偏离正确的建筑观，所产生的任何不同方案就没有简单意义的对错之分，而只有优劣之别。

2）多方案构思的原则

为了实现方案的优化选择，多方案构思应满足如下原则。

应提出数量尽可能多，差别尽可能大的方案。差异性保障了方案间的可比较性，而相当的数量则保障了科学选择所需要的足够空间范围。

任何方案的提出都必须是在满足功能与环境要求的基础上，否则，再多的方案也毫无意义。为此，在方案的尝试过程中就应先进行筛选，随时否定那些不现实不可取的构思以避免无谓浪费的时间和精力。

3）多方案的比较与优化选择

当完成多方案后，要展开对方案的分析比较，从中选择出理想的方案。分析比较的重点应集中在 3 个方面。

（1）比较设计要求的满足程度。是否满足基本的设计要求（包括功能、环境、结构等诸因素）是鉴别一个方案是否合格的起码标准。

（2）比较个性特色是否突出。一个好的建筑（方案）应该是优美动人的，缺乏个性的建筑（方案）肯定是平淡乏味，难以打动人的，因此也是不可取的。

（3）比较修改调整的可能性。虽然任何方案或多或少都会有一些缺点，但有的方案的缺陷尽管不是致命的，却是难以修改的。如果进行彻底的修改不是带来新的更大的问题，就是完全失去了原有方案的特色和优势。对此类方案应给予足够的重视，以防留下隐患。

6.2.4　建筑方案设计的调整与深入

此时的方案虽然是通过比较选择出的最佳方案，但此时的设计还处在大想法、粗线条的层次上，某些方面还存在问题。为了达到方案设计的最终要求，还需要一个调整和深化的过程。

1. 方案的调整

方案调整阶段的主要任务是解决多方案分析、比较过程所发现的矛盾与问题，并弥补设计缺项。

此时的方案无论是在满足设计要求还是在具备个性特色上已有相当的基础，对它的调整应控制在适度的范围内，只限于对个别问题进行局部的修改与补充，力求不影响或改变原有方案的整体布局和基本构思，并能进一步提升方案已有的优势水平。

2. 方案的深入

此时，方案的设计深度仅限于确立一个合理的总体布局、交通流线组织、功能空间组织、与内外相协调统一的体量关系和虚实关系，要达到方案设计的最终要求，还需要一个从粗略到细致规划、从模糊到明确落实、从概念到具体量化的深化的过程。

1）比例上的深入

深化过程主要通过放大图纸比例由面及点、从大到小、分层次、分步骤进行。方案构思阶段的比例一般为1：200或1：300，到方案深化阶段其比例应放大到1：100甚至1：50。

在此比例上，首先应明确并量化其相关体系、构件的位置、形状、大小及其相互关系，包括结构形式、建筑轴线尺寸、建筑内外高度、墙及柱的宽度、屋顶结构及构造形式、门窗位置及大小、室内外高差、家具布置与尺寸、台阶踏步、道路宽度及室内外平台大小等具体内容，并将其准确无误地反映到平、立、剖及总图中。该阶段的工作还应包括统计并核对方案设计的技术经济指标，如建筑面积、容积率、绿化率等，如果发现指标不符合规定要求须对方案进行相应调整。

其次应分别对平、立、剖及总图进行更为深入细致的推敲刻画。具体内容应包括总图设计中的室外铺地、绿化组织、室外小品与陈设，平面设计中的家具造型、室内陈设与室内铺地，立面图设计中的墙面、门窗的划分形式、材料质感及色彩光影等。

2）其他的深入工作

在方案的深入过程中，除了进行并完成以上的工作外还应注意以下几点。

（1）各部分的设计尤其是立面设计，应严格遵循一般形式美的原则，注意对尺度、比例、均衡、韵律、协调、虚实、光影、质感及色彩等原则规律的把握与运用，以确保取得一个理想的建筑空间形象。

（2）方案的深入过程必然伴随着一系列新的调整，除了各个部分自身需要适应调整外，各部分之间必然也会产生相互作用、相互影响，如平面的深入可能会影响到立面与剖面的设计，同样立面、剖面的深入也会涉及平面的处理，对此应有充分的认识。

（3）方案的深入过程不可能是一次性完成的，需经历深入—调整—再深入—再调整，多次循环过程，这其中所体现的工作强度与工作难度是可想而知的。因此，要想完成一个高水平的方案设计，除了要求具备较高的专业知识、较强的设计能力、正确的设计方法及极大的专业兴趣外，细心、耐心和恒心是必不可少的素质品德。

6.2.5 建筑方案设计的表现

方案的表现是建筑方案设计的一个重要环节，方案表现是否充分，是否美观得体，不仅关系到方案设计的形象效果，而且会影响到方案的社会认可。依据目的性的不同，方案表现可以划分为设计推敲性表现与展示性表现两种。

1. 设计推敲性表现

设计推敲性表现是建筑师为自己所表现的，它是建筑师在各阶段构思过程中所进行的主要外在性工作，是建筑师形象思维活动的最直接、最真实的记录与展现。它的重要作用体现在两个方面：第一，在建筑师的构思过程中，设计推敲性表现以具体的空间形象刺激强化建筑师的形象思维活动，从而宜于诱因更为丰富生动的产生构思；第二，设计推敲性表现的具体成果为建筑师分析、判断、抉择方案构思确立了具体对象与依据。

设计推敲性表现在实际操作中有如下 4 种形式，见表 6-1。

表 6-1　推敲性表现的形式

表现形式	优　点	缺　点
草图表现	操作迅速而简洁，可以进行深入的细部刻画，尤其擅长对局部空间造型的推敲处理	对徒手表现要求高，会有失真的可能，并且每次只能表现一个角度也在一定程度上制约了它的表现力
草模表现	草模表现显得更为真实、直观而具体，对空间造型的内部整体关系及外部环境关系的表现能力尤为突出	由于模型大小的制约，观察角度以"空对地"为主，过分突出了第五立面的地位作用，而有误导之嫌。由于具体操作技术的限制，细部的表现有一定难度
计算机模型表现	可以进行深入的细部刻画，又能做到直观具体而不失真，可以选到任意角度、任意比例观察空间造型	需掌握计算机软件的应用知识,对具体操作技术有一定的要求
综合表现	在设计构思过程中，依据不同阶段、不同对象的不同要求，灵活运用各种表现方式，以提高方案设计质量	

注：（1）草图表现是一种传统的但也是被实践证明行之有效的推敲表现方法。

（2）综合表现在方案初始的研究布局阶段采用草模表现，以发挥其整体关系、环境关系表现的优势；而在方案深入阶段又采用草图表现，以发挥其深入刻画的特点。

2. 展示性表现

展示性表现是指建筑师针对阶段性的讨论，尤其是最终成果汇报所进行的方案设计表现。它要求该表现具有完整明确、美观得体的特点，以保障把方案的立意构思、空间形象、气质特点充分展现出来，从而最大限度地赢得评判者的认可。因此，对于展示性表现尤其是最终成果表现除了在时间分配上应予以充分保证外，还应注意以下几点。

1）绘制正式图前要有充分准备

绘制正式图前应完成全部的设计工作，并将各图形绘出正式底稿，包括所有注字、图标、图题及人、车、树等衬景。在绘制正式图时不再改动，以保障将全部力量放在提高图纸的质量上。应避免在设计内容尚未完成时，就匆匆绘制正式图。虽然这样好像加快了进度，但在画正式图时图纸错误的纠正与改动，将远比草图中的效率为低，其结果会适得其反，既降低了速度，又影响了图纸的质量。

2）注意选择合适的表现方法

图纸的表现方法很多，如铅笔、墨线、水墨渲染、计算机绘图等。选择哪种方法，应根据设计的内容及特点而定。

3）注意图面构图

图面构图应以易于辨认和美观悦目为原则，图面构图还要讲求美观。

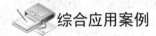 综合应用案例

建筑设计初步案例

通过对下面案例的欣赏，分析总结建筑设计的基本原理及要求，分析理解建筑设计方案的表现技巧。如图 6.7～图 6.10 所示。

图 6.7

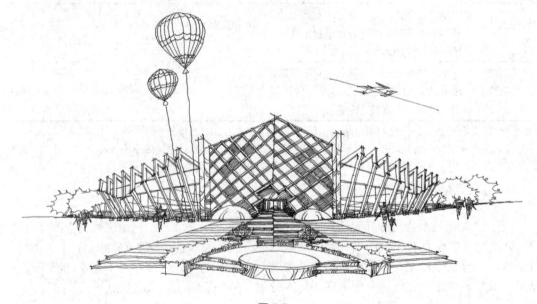

图 6.8

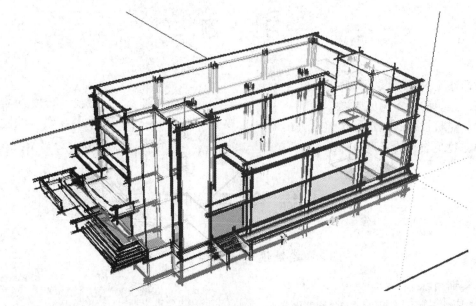

图 6.9

图 6.10

推荐阅读资料

[1] 田学哲. 建筑初步[M]. 北京：中国建筑工业出版社，1999.

[2] 李延龄. 建筑设计原理[M]. 北京：中国建筑工业出版社，2011.

[3] 迈克·W·林. 建筑设计快速表现[M]. 上海：上海美术出版社，2012.

习　题

1. 建筑及建筑设计的概念。
2. 建筑的基本构成要素。
3. 建筑设计的基本程序和方法。
4. 建筑设计的表现技巧。

综　合　实　训

建筑设计方案临摹

【实训目标】

掌握建筑设计的基本原理及表现技巧。

【实训要求】

（1）通过对建筑案例的分析总结建筑设计的原理，方法。

（2）训练建筑设计构思的形成和表现技巧。

模块 **7**

园林设计初步

学习目标

1. 明确园林的概念、园林设计的概念、园林的构成要素。
2. 掌握园林设计方案的创意方法及程序。
3. 了解园林设计的注意事项。

学习要求

能力目标	知识要点	相关实验或实训	重点
熟悉	园林、园林设计的概念		
掌握	园林设计方案的创意方法		★
理解	园林设计的注意事项		

7.1 园林概述

7.1.1 园林的概念

园林是指在一定的地域运用工程技术和艺术手段，通过改造地形（或进一步筑山、叠石、理水）、种植树木花草、营造建筑和布置园路等途径创作而成的美的自然环境和游憩境域。由地形、地貌、水体、建筑、构筑物、道路、植物、动物等素材，根据功能要求、经济技术条件、艺术布局等方面综合组成的统一体，如图7.1所示。

图 7.1

1. 园林及其范围

在人类的历史发展过程中，优美的环境是人们无时无刻不在追求的目标。最早的造园行为可以追溯到两千多年前祭祀神灵的场地、供帝王贵族狩猎游乐的园囿和居民为改善环境而进行的绿化栽植等。

初期的园林主要是植物与建筑物的结合，园林形式较简单，建筑物是主体，而园林仅充当建筑物的附属品。随着社会的发展，园林逐渐摆脱建筑的束缚，园林的范围也不仅局限于庭园、庄园、别墅等单个相对独立的空间范围，而是扩大到城市环境、风景区、保护区、大地景观等区域，涉及人类的各种生存空间。然而总括说来，建造园林的目的就是在一定的地域，运用工程技术和艺术手段，通过整地理水、植物栽植和建筑布置等途径创造出一个供人们观赏、游憩的优美环境。

某些特殊的艺术，如插花、盆景等，因其创作素材和经营手法的相同，都可归于园林艺术的范围，如图7.2、图7.3所示。

图 7.2

图 7.3

2. 园林技术和园林艺术

园林在一般情况下是地形、水、植物和建筑这四者的综合。因此，筑山、理水、植物配置和建筑营造就相应成为造园的四项重要内容。这四项工作都需要通过物质材料和工程技术去实现，所以它是一种社会物质产品。

地形、水、植物和建筑这 4 个要素经过人们有意识地构配而组合成有机的整体，创造出丰富多彩的景观，给予人们美的享受和情操的陶冶。就此意义而言，园林又是一种艺术创作。园林艺术不同于音乐、绘画、雕塑等其他艺术，园林具有实用价值，它需要投入一定的人力、物力和资金。园林艺术正是以这种实用技术为基础，成为人类文化遗产中弥足珍贵的组成部分。园林既满足人们的物质需要，又满足人们的精神需要，既是一种物质产品，又是一种艺术创作。

3. 园林和社会

1）社会意识、民族文化对园林的影响

社会制度的变革常常是以一场曲折激烈的思想意识斗争为前奏，有时它会波及文化艺术的各个领域。18 世纪欧洲浪漫主义思潮的兴起使得欧洲整体的古典园林开始向自然风景园林的形式转变。

民族或地区的文化特征都是在长期的社会发展中形成的，园林反映的是不同民族各个时期的社会意识形态和民族文化特征。中国传统园林滋生在东方文化、儒家、道家和神仙思想的沃土中，并且深受绘画、诗词和文学的影响。东方的哲学思想和文化造就了中国古典园林自然式写意山水园的思想和文化基础，而西方传统园林深受西方古典美学思想的影响。早在公元前 6 世纪，毕达哥拉斯学派就试图从数字上找出美的关系，著名的黄金分割就是最早由这个学派提出来的，这种美学思潮一直统治欧洲几千年，欧洲古典园林的风格正是在这种"唯理"美学思想下逐步形成的。

2）地区自然条件对园林的影响

地区的自然条件对园林的形成和发展也有一定影响。气候条件和自然资源的限制尤为明显，使得各地区的园林在形式、艺术风格等方面无不表现出自己的特点。

园林与周围自然环境的结合，造成了丰富多彩的地方特色，即使在同一国家或民族内，处于不同地区的园林也会表现出不同的风貌。

知 识 链 接

（1）巴比伦空中花园建于公元前 7 世纪，是一座大约 110m 高的尖塔状假山，顶上有殿宇、树丛和花园。山边层层种植花草树木，并用人工将水引上山，做成人工溪流和瀑布。远观，好似将庭园悬置于空中。

（2）法国凡尔赛官是世界五大官之一，法国国王路易十四于 1661 年开始营建，历时百年，面积 1500m²，十字形水渠构成轴线，喷泉 1400 座，按几何图形布局。

（3）北京颐和园是清朝皇帝后妃们经常居住游乐和处理政务的地方，是多功能结合的皇家官苑，分为官区、山区和湖区三大部分，总面积达 290 万平方米，水面占 3/4，陆地占 1/4。

（4）纽约中央公园建于 1858 年，是美国第一个城市公园，面积 340 万平方米。规划为自然式布局，组合草坪、树丛、湖沼和山丘为城市居民提供了一个具有浓厚田园风味的游憩的场所。

7.1.2　园林的基本构成要素

构成园林实体的四大要素为地形、水、植物和建筑。它们相辅相成共同形成园林景观构成园林空间。

1. 地形

地形是园林中各个要素的基底和依托，是构成整改园林景观的骨架，地形布置和设计的恰当与否直接影响到其他要素的设计。

1）地形的功能作用

园林中地形的功能作用主要表现在地形的利用与改造、排水和坡度。

在地形设计中首先必须考虑的是对原地形的利用。结合基地调查和分析的结果，合理安排各种坡度要求的内容使之与基地地形条件相吻合。地形设计的另一个任务是进行地形改造，使改造后的基地地形条件满足造景的需要，满足各种活动和使用的需要，并形成良好的地表自然排水类型，避免过大的地表径流。

地形可看作由许多复杂的坡面构成的多面体。地面的排水由坡面决定，在地形设计中应考虑地形与排水的关系，以及不同用途条件下地表面对坡度的不同要求。地形过于平坦不利于排水、容易积涝、破坏土壤的稳定。但是若地形起伏过大或坡度不大，而同一坡度的坡面延伸过长时，则会引起地表径流，产生坡面滑坡。因此，地形起伏应适度，坡长适中。

2）地形和视线

地形的起伏不仅丰富了园林景观，而且还创造了不同的视线条件形成不同的空间。地形有平坦地形、凸地形和凹地形之分，它们在组织视线和创造空间上具有不同的作用。

（1）平坦地形是指土地的基面在视觉上与水平面相平行。一方面平坦地形本身存在着一种对水平面的协调，使其很自然地符合外部环境。另一方面，任何一种垂直线型的元素，在平坦地形上都会成为一个突出的元素，并成为视线的焦点。

（2）地形比周围环境的地形高，则视线开阔，具有延伸性，空间呈发散状，此类地形称为凸地形。它一方面可组织成为观景之地，另一方面因地形高处的景物往往突出、明显，又可组织成造景之地。

（3）地形比周围环境的地形低，则视线通常较封闭，且封闭程度决定于凹地的绝对标高、脊线范围、坡面角、树木和建筑高度等，空间呈积聚性，此类地形称凹地形。凹地形的低凹处能聚集视线，可精心布置景物，凹地形坡面既可观景也可布置景物。

凸、凹地形的坡面均可作为景物的背景，但应处理好地形与景物和视距之间的关系，尽量通过视距的控制，保证景物和作为背景的地形之间有较好的构图关系。

地形可被用在外部环境中，影响行人和车辆运行的方向、速度和节奏。在园林设计中，若需人们快速通过的地段，可使用平坦地形；而要求人们缓慢经过的空间，则宜采用斜坡地面或一系列高差变化；当需游人完全停留下来时，那就会又一次使用平坦地形。

地形可用来控制人的视线、行为等，但必须达到一定的体量。具体可采用挡和引的方式，地形的挡与引应尽量利用现状地形，若现状地形不具备这种条件则需权衡经济和造景的重要性后采取措施。引导视线离不开阻挡，引导既可是自然的，也可是强加的。

利用地形可以有效地、自然地划分空间，使之形成不同功能或景观特点的区域。在此基础上若再借助于植物则能增加划分的效果和气势。利用地形划分空间应从功能、现状地形条件和造景几个方面考虑，它不仅是分隔空间的手段，而且还能获得空间大小对比产生的艺术效果。

3）地形造景

地形不仅始终参与造景而且在造景中起着决定性的作用。

虽然地形始终在造景中起着骨架作用，但是地形本身的造景作用并不突出，常常处在基底和配景的位置上。为了充分发挥地形本身的造景作用，可将构成地形的地面作为一种设计造型要素。地形造景强调的是地形本身的景观作用，可将地形组合成各种不同的形状，利用阳光和气候的影响创造出艺术作品，如图 7.4 所示。

图 7.4

2. 水

水景是园林中一个永恒的主题。一方面水景是富有高度可塑性和弹性的设计元素，丰富的水景设计带给人不同的空间感受和情感体验；另一方面，在水景设计中可充分利用水的各种特性，如不同深度水色的变化、水面的反光、倒影、水声等，再结合周围的环境综合考虑，使园林环境增加活力和乐趣。

1）水的形成

园林中水景按水体的形式可以分成自然式水体和规则式水体。自然式水体包括河、湖、溪、泉、瀑布等；规则式水体包括池、喷泉、水井、壁泉、跌水等。

水景设计中的水有平静的、流动的、跌落的和喷涌的 4 种基本形式。平静的水体属于静态水景，给人以安静、明洁、开朗或幽深的感受；流动的、跌落的和喷涌的水体属于动态水景，给人以变幻多彩、明快、轻松之感，并具有听觉美。

2）水的主要造景手法

（1）基底作用。大面积的水面视域开阔、坦荡，有托浮岸畔和水中景观的基底作用。当水面不大，但水面在整个空间中仍具有面的感觉时，水面仍可作为岸畔或水中景物的基底，产生倒影，扩大和丰富空间。

（2）系带作用。水面具有将不同的园林空间、景点连接起来产生整体感的作用称为线型系带作用；将水作为一种关联因素又具有使散落的景点统一起来的作用称为面型系带作用。当众多零散的景物均以水面为构图要素时，水面就会起到统一的作用。如扬州瘦西湖。另外，有的设计并没有大的水面，而只是在不同的空间中重复安排水这一主题，以加强各空间之间的联系。水还具有将不同平面形状和大小的水面统一在一个整体之中的能力。无论是动态的水还是静态的水，当其经过不同形状和大小的、位置错落的容器时，由于它们都含有水这一共同而又唯一的元素而产生了整体的统一。

（3）焦点作用。喷涌的喷泉、跌落的瀑布等动态水体的形态和声响能引起人们的注意，吸引住人们的视线。在设计中除了处理好它们与环境的尺度和比例的关系外，还应考虑它们所处的位置。通常将水景安排在向心空间的焦点上、轴线的交点上、空间的醒目处或视线容易集中的地方，使其突出并成为焦点。可以作为焦点水景布置的水景设计形式有：喷泉、瀑布、水帘、水墙、壁泉等。

（4）整体水环境设计。这是一种以水景贯穿整个设计环境，将各种水景形式融于一体的水景设计手法。它与以往所采用的水景设计手法不同，这种以整体水环境出发的设计手法，将形与色、动与静、秩序与自由、限定和引导等水的特征和作用发挥得淋漓尽致，并且开创了一种能改善城市气候、丰富城市景观和提供多种用途于一体的水景类型，如图7.5～图7.8所示。

图 7.5

图 7.6

图 7.7

图 7.8

3. 植物

以植物为设计素材进行园林景观的创造是园林设计所特有的。由于植物是具有生命的设计要素，因此，利用植物材料造景在满足功能及艺术需要的同时，更应考虑到植物本身所需的环境、与其他植物的关系，从而恰当地选择植物。

1）植物的作用

（1）改善环境。植物对环境起着多方面的改善作用，表现在：净化空气、保持水土、涵养水源、调节气温及气流、湿度等方面。植物还能给环境带来舒畅、自然的感觉。

（2）构成空间。植物可用于空间中的任何一个平面，以不同高度和不同种类的植物围合形成不同空间。空间的围合质量决定于植物材料的高矮、冠形、疏密和种植的方式。

（3）可作主景、背景和季相景色。植物材料可做主景，并能创造出各种主题景观。还可以作为背景，但应根据前景植物材料的尺度、形式、质感和色彩决定背景植物材料的高度、宽度、种类和栽植密度，以保障前后景之间有整体感的同时又有对比和衬托。

（4）障景、漏景和框景作用。障景是使用不通透植物，屏障视线通过，达到遮挡的目的。漏景是采用枝叶稀疏的通透植物，其后的景物隐约可见，能让人获得一定的神秘感。框景是植物以其大量的叶片、树干封闭了景物两旁，为景物本身提供开阔的、无阻拦的视野，有效地将人们的视线吸引到较优美的景色上来，获得较佳的构图。

植物材料除了具有上述的一些作用外，还具有丰富空间、增加尺度感、丰富建筑物立面、软化过于生硬的建筑物轮廓等作用。

2）种植设计基本方法

（1）设计过程。种植设计是园林设计的详细设计内容之一，当初步方案决定之后，便可在总体方案基础上与其他详细设计同时展开。具体步骤包括：研究初步方案、选择植物详细种植设计、种植平面及有关说明。

（2）适地适树的原则。规模较大的种植设计应以生态学为原则，以地带性植被为种植设计的理论模式。规模较小的，特别是立地条件较差的城市基地中的种植设计应以基地特定的条件为依据。由于植物生长习性的差异，不同植物对光线、温度、水分和土壤等环境因子的要求不同，抵抗劣境的能力也不同。因此，应针对某地特定的土壤、小气候条件安排相适应的种类，做到适地适树。

（3）植物配置的原则。进行植物配置设计时，首先应熟悉植物的大小、形状、色彩、质感和季相变化等内容。植物的配置按平面形式分为规则的和不规则的两种；按植物数量分为孤植、丛植、群植等几种形式。植物配置应综合考虑植物材料间的形态和生长习性，既要满足植物的生长需要，又要保证能创造出较好的视觉效果，与设计风格和环境相一致。

（4）种植间距。作种植平面图时图中植物材料的尺寸应按植物成年后的大小画在平面图上，这样，种植后的效果和图面设计效果就不会相差很大。园林设计中，为了缩短景观形成的周期，一开始植物可设计种植得密些，过几年后减去一部分；或者合理地搭配和选择树种，如速生树种和慢生树种进行搭配。

植物景观如图 7.9、图 7.10 所示。

图 7.9

图 7.10

4. 园林建筑、园林小品

园林建筑在园林中起到画龙点睛的作用，它具有使用和造景双重作用。园林建筑的形式和种类是非常丰富的，常见的有亭、廊、水棚、花架、塔、楼、舫等。园林建筑在布局中首先应注意满足使用功能的要求，其次应当满足造景的需要，当然，还应使建筑室内外相互渗透，与自然环境有机融合，同时还应注意功能与景观的协调。常见园林建筑包括以下几种。

1）亭

亭是园林中最常见的一种建筑形式，《园冶》中说"亭者，停也。所以停憩、游行也。"可见亭是供人们休息、赏景而设的。亭的形式繁多，布局灵活，山地、水际或平地都可设亭。亭的设计应注意其体量与周围环境的协调关系，不宜过大或过小，色彩及造型上应体现时代性或地方特色，如图 7.11、图 7.12 所示。

图 7.11

图 7.12

2）廊

廊在园林中除了起到遮荫避雨、供游人休息的作用外，其重要的功能是组织游人观赏景物的导游线路，通过它的艺术布局，将一个个的建筑、景点、空间串联起来，形成一个有机的整体。同时，廊本身的柱列、横楣在游览路程中形成一系列的取景边框，增加了景深层次，浓化了园林趣味。廊的形式丰富多样，其分类方法也较多，按廊的经营位置可分为平地廊、爬山廊、水廊；按平面形式可分为直廊、曲廊和回廊；而按廊的内容结构则可分为空廊、平廊、复廊、半廊等形式，如图 7.13、图 7.14 所示。

图 7.13

图 7.14

3）水榭

水榭是一种临水建筑，常见形式是在水岸边架起一个平台，部分伸出水面，平台常以低平的栏杆或鹅颈靠相围，其上还有单体建筑或建筑群。

为处理好水榭与水体的关系，在水榭设计上应注意以下原则：在可能的范围内水榭应突出池岸，形成三面或四面临水的布局形式；水榭宜尽可能贴近水面，若池岸与水面高差较大时，水榭建筑的地平应相应下降，使整体感协调、美观；在造型上宜结合水面、池岸等，强调水平线条为宜，如图 7.15、图 7.16 所示。

图 7.15   图 7.16

4）花架

花架是攀援植物的棚架，供游人休息、赏景，而自身又成为园林中的一个景点。在花架设计中，要注意环境与土壤条件，使其适应植物的生长要求；在没有植物的情形下，花架本身应具有良好的景观，如图 7.17、图 7.18 所示。

图 7.17   图 7.18

除上述几类常见园林建筑外，园林中还分布有不少园林小品，它们具有体量小、数量多、分布广的特点，并以丰富多彩的内容，轻巧美观的造型，在园林中起着点缀环境、丰富景观、烘托气氛、加深意境等作用。同时本身又具有一定的使用功能，可满足一些游憩、活动的需要，因而园林小品成为园林中不可缺少的组成部分。常见的园林小品有景门、景墙、景窗、园桌、园椅、园灯、栏杆、标志牌、园林雕塑小品等。

7.1.3 园林形象

园林形象可以简单地理解为园林的观感或美观问题。园林构成人们日常生活的物质环境，同时，它的艺术形象又给人以精神上的感受，园林是一门综合的造型艺术。园林形象的表现是通过地形、水、植物、建筑等要素组合实现的。

当然，园林形象的问题涉及文化传统、民族风格、社会思想意识、时间、自然条件等多方面的因素，并不单纯是一个美观的问题。但是一个良好的园林形象，却首先应该是美观的。塑造园林形象时应该注意的基本原则包括：比例和尺度、对比和调和、均衡和稳定、韵律和节奏等。

1. 比例和尺度

比例是指园林各部分之间、整体和局部之间、整体和周围环境之间的大小关系。园林形象所表现的各种不同比例特点常和它的功能内容、技术条件、审美观点有密切关系。关于比例的优劣很难用数字作简单的规定。所谓良好的比例一般是指园林形象的总体及各部分之间，各要素之间和要素本身的长、宽、高之间具有和谐的关系。

尺度是景物与人的身高、使用活动空间的度量关系。这是因为人们习惯用人的身高和使用活动所需要的空间为视觉感知的度量标准，如台阶的宽度不小于 30cm（人脚长），高度为 12～19cm 为宜，栏杆、窗台高 90cm。在园林里如果人工造景尺度习惯超越人们习惯的尺度，可使人感到雄伟壮观；如果尺度符合一般习惯要求或者较小，则会使人感到小巧紧凑，自然亲切。

2. 对比与调和

事物总是通过比较而存在的，差异程度显著的表现称对比。对比可使景物或各要素彼此对照，互相衬托，更加鲜明地突出各自的特点。对比需要一定的前提，即对比的双方总是针对某一共同的因素或方面进行比较。园林中的对比常表现在形象、体量、方向、空间、明暗、虚实、色彩、质感等方面。

调和可看作是极微弱的对比，它使景物彼此和谐，互相联系，产生完整的效果。

特 别 提 示

园林形象要求在对比中求调和，在调和中求对比，使景色既丰富多彩，又要突出主题，风格协调。

3. 均衡与稳定

园林中的均衡是指园林布局中的左与右、前与后的轻重关系，给人安定、平衡和完整的感觉。均衡最容易用对称布置的方式来取得，也可以用不对称的方式来取得均衡的效果。

稳定是指物体的上下关系在造型上所产生的一定艺术效果。园林布局中，往往在体量上采用下面大、向上逐渐缩小的方法来取得稳定坚固感。另外，也可利用材料、质地、色彩给人的不同重量感来获得稳定感。

4. 韵律和节奏

韵律和节奏即是某一因素作有规律的重复，有组织的变化。园林中出现的韵律和节奏种类很多，如简单韵律、交替韵律、渐变韵律、起伏曲折韵律等。

上述有关园林形式美的基本原则，是人们在长期园林实践中的积累和总结，这些原则对于园林艺术创作有着重要的理论意义。运用这些原则时要注意园林自身的特点，结合主体、自然、时间、环境等因素综合考虑。

7.2 园林方案设计初步

7.2.1 园林设计的概念

1. 园林设计的职责和范围

"设"者，陈设，设置，筹划之意；"计"者，计谋，策略之意。

园林设计就是一门研究如何应用艺术和技术手段处理自然、建筑和人类活动之间复杂关系，达到和谐完美、生态良好、景色如画之境界的一门学科。工作范围包括庭园、宅园、小游园、花园、公园以及城市街区、机关、厂矿、校园、宾馆饭店等。

这门学科所涉及的知识面较广，它包含文学、艺术、生物、生态、工程、建筑等诸多领域，同时，又要求综合各学科的知识统一于园林艺术之中。所以，园林设计是一门研究如何应用艺术和技术手段处理自然、建筑和人类活动之间复杂关系，达到和谐完美、生态良好、景色如画之境界的一门学科。

园林设计研究的内容，包括园林设计原理、园林设计布局、园林设计程序、园林设计图纸及说明书等。

2. 园林设计的特点与要求

园林设计本身是个复杂的过程，它作为一个全新的内容完全不同于制图技巧的训练。园林方案设计的特点可以概括为创作性、综合性、双重性、过程性和社会性 5 个特性。

1）创作性

设计的过程本身就是一种创作活动，它需要创作主体具有丰富的想象力和灵活开放的思维方式。园林设计者面对各种类型的园林绿地时，必须能够灵活地解决具体矛盾与问题，发挥创新意识和创造能力，才能设计出内涵丰富、形式新颖的园林作品。

2）综合性

园林设计是一门综合性很强的学科，涉及建筑工程、生物、社会、文化、环境、行为、心理等众多学科。作为一名园林设计者必须熟悉、掌握相关学科的知识。另外，园林绿地本身的类型也是多种多样的，有道路、湖水、广场、居住区绿地、公园、风景区等。

3）双重性

园林设计过程可概括为分析研究—构思设计—分析选择—再构思设计……如此循环发展的过程。在每一个"分析"阶段，设计者主要运用的是逻辑思维，而在"构思阶段"，主要运用形象思维。

4）过程性

在进行风景园林设计的过程中，需要科学、全面地分析调研，深入大胆地思考想象，不厌其烦地听取使用者的意见，在广泛论证的基础上优化选择方案。设计的过程是一个不断推敲、修改、发展、完善的过程。

5）社会性

园林绿地景观作为城市空间环境的一部分具有广泛的社会性。这种社会性要求园林工作者的创作活动必须综合平衡社会效益、经济效益与个性特色三者的关系。只有找到一个可行的结合点，才能创作出尊重环境、关怀人性的优秀作品。

7.2.2 园林方案设计的任务分析

1. 设计要求分析

1）功能要求

园林用地性质不同，其组成内容形式也不同。有的内容简单，功能单一；有的内容丰富，功能关系复杂。合理的功能关系保障了各种不同性质的活动、内容的完整性和整体秩序性。各种功能空间是相互密切关联的，常见的有主次、序列、并列或混合关系，它们相互作用构成一个有机整体。具体表现为串联、分枝、混合、中心、环绕等组织形式。

2）形式特点要求

不同类型的园林绿地有着不同的景观特点，因此必须首先准确地把握绿地类型的特点，在此基础上进行深一步的创作。

园林绿地所处位置的不同，使用对象的不同都会对设计产生不同的影响。一条道路位于商业区和位于居住区，由于位置的不同而带来不同的使用者。商业区道路的主要服务对象是购物者、游人，旨在为他们提供一个好的购物外环境和短暂休憩之处。而居住区道路主要是为居住区居民服务的结合景观，可设置一些可供老人、儿童活动的场所满足部分居民的需求。

2. 环境条件的调查分析

在进行园林设计之前对环境条件进行全面、系统的调查和分析可为设计者提供细致、可靠的依据。具体的调查研究包括地段环境、人文环境和城市规划设计条件3个方面。

1）地段环境

它主要包括：基地自然条件（包括地形、地貌、水体、土壤、地质构造、植被）；气象资料（包括日照条件、温度、风、降雨、小气候）；周边建筑（包括地段内外相关建筑及构筑物状况）；道路交通（包括现有及未来规划道路及交通状况）；城市方位（指位于城市空间的位置）；市政设施（主要包括水、暖、电、讯、气、污等管网的分布及供应情况）；污染状况（包括相关的空气污染、噪声污染和不良景观的方位及状况）。

2）人文环境

它主要包括：城市性质环境，指政治、文化、金融、商业、旅游、交通、工业还是科技城市，是特大、大型、中型还是小型城市等；地方文化风貌特色，指和城市相关的文化风格、历史名胜、地方建筑。

特 别 提 示

独特的人文环境可以创造出富有个性特色的空间造型。

3）城市规划设计条件

该条件是由城市管理职能部门依据法定的，城市总体发展规划提出的，其目的是从城市宏观角度对具体的建筑项目提出若干控制性限定要求，以确保城市整体环境的良性运行与发展。

239

3. 经济技术因素分析

经济技术因素是指建设者所能提供用于建设的实际经济条件与可行的技术水平，它决定着园林建设的材料应用、规模等，是除功能、形式之外影响园林设计的另一个因素。

4. 相关资料的调研与搜集

学会搜集并使用相关资料对于学好园林设计是非常重要的，资料的搜集调研可以在第一阶段一次性完成，也可以穿插于设计之中。

1) 实例调研

调研实例的选择应本着性质相同、内容相近、规模相当、方便实施，并体现多样性的原则，调研的内容包括一般技术性了解（对设计构思、总体布局、平面组织和空间组织的基本了解）和使用管理情况调查两部分。最终调研的成果应以图、文形式表达出来。

2) 资料搜集

相关资料的搜集包括规范性资料和优秀设计图文资料两个方面。

（1）园林设计中涉及的一些规范是为了保障园林建设的质量水平而制定的。在设计中要做到熟悉掌握并严格遵守设计规范。

（2）优秀设计图文资料的搜集是对于该园林作品的总体布局、平面组织、空间组织等做一些了解。

以上的任务分析内容繁多。在具体的设计方案中或许只用到其中的一部分工作成果。但是要想获得关键性的资料，必须认真细致地对全部内容进行深入系统的调查、分析和整理。

7.2.3 园林方案设计的构思与选择

在对设计要求、环境条件等有了比较系统全面的了解后，就可以开始方案的设计。本阶段的具体工作包括构思立意、方案构思和多方案比较。

1. 构思立意

构思立意的方法有很多，可以直接从大自然中汲取养分，获得设计素材和灵感，提高方案构思能力。也可以发掘与设计有关的素材并用隐喻、联想等手段加以艺术表现。

我国的古典园林之所以能在世界范围内产生巨大的影响，归根到底是由于其中的构思立意非常的独特，蕴含意境。对西方现代园林来讲，重视隐喻与设计的意义、寻求独特的构思立意已是当今园林设计的一种普遍趋势。

提高设计构思能力需要设计者具有多领域的专业知识，加强艺术观和审美能力的提高。另外，平时要善于观察和思考，学会评价和分析好的设计，从中汲取有益的东西。

2. 方案构思

方案构思是方案设计过程中至关重要的一个环节，它是在构思立意的思想指导下，把第一阶段分析研究的成果具体落实到图纸上。

方案构思的切入点是多样的，应该充分利用基地条件，从功能、形式、空间形式、环境入手，运用多种手法形成一个方案的雏形。

在具体的方案设计中，可以同时从功能、环境、经济、结构等多个方面进行构思，或者是在不同的设计构思阶段选择不同的侧重点，这样能保证方案构思的完善和深入。

●知·识·链·接··

从环境特点入手场地中设置的内容与任务书要求一致；利用基地外的环境景色，比如街对面的广场喷泉；入候车区域应设置供休憩的坐凳且应有遮阴设施；饮水装置、废物箱的位置应选在人流线附近，使用方便的地方。

···

3. 多方案比较

影响设计的因素很多，因此认识和解决问题的方式结果是多样的、相对的和不确定的，这导致了方案的多样性。只要设计没有偏离正确的园林设计方向，所产生的不同方案就没有对错之分，而只有优劣之别。通过多方案构思，可以拓展设计思路，从不同角度考虑问题，从中进行分析、比较、选择，最终得出最佳方案。

多方案构思的原则和比较与建筑设计相同。

7.2.4　园林方案设计的调整与深入

在比较选择出最佳方案后，为了达到方案设计的最终要求，还需要一个修改调整和深化的过程。

1. 方案的调整

方案调整阶段的主要任务是解决多方案分析、比较过程中所发现的矛盾与问题，并弥补设计缺陷。对方案的调整应控制在适度的范围内，力求不影响或改变原有方案的整体布局和基本构思，并能进一步提高方案已有的优势水平。

到此为止，方案的设计深度仅限于确立一个合理的总体布局，交通流线组织、功能空间组织等，要达到设计的最终要求，还需要一个从粗略到细致刻画，从模糊到明确落实，从概念到具体量化的进一步深化的过程。

2. 方案的深入

在进行方案调整的基础上，进行方案的细致深入。深化阶段要落实具体的设计要素的位置、尺寸及相互关系，准确无误地反映到平、立、剖及总图中。并且要注意核对方案设计的技术经济指标，如建筑面积、铺装面积、绿化率等。

在方案的深入过程中还应注意以下几点。

（1）各部分的设计要注意对尺度、比例、均衡、韵律、协调、虚实、光影、质感及色彩等原则规律的把握与运用。

（2）在方案深入过程中，各部分之间必然会相互作用、相互影响，如平面的深入可能会影响到立面与剖面的设计，同样立面、剖面的深入也会涉及平面的处理，对此要有认识。

（3）方案的深入过程不可能是一次性完成的，需要经历深入—调整—再深入—再调整，多次循环的过程。因此在进行一个方案设计的过程中，除了要求具备较高的专业知识、较强的设计能力、正确的设计方法及极大的兴趣外，细心、耐心和恒心是必不可少的素质品德。

7.2.5　园林方案设计的表现

方案的表现是园林方案设计的一个重要环节。根据目的性的不同方案表现可以划分为设计推敲性表现与展示性表现两种。

1. 设计推敲性表现

推敲性表现是设计师在各阶段构思过程中，所进行的主要外在性工作，是设计师形象思维活动的记录与展现。它的重要作用体现在两个方面：其一在设计师的构思过程中，推敲性表现可以具体地空间形象刺激、强化设计师的形象思维活动，从而宜于更为丰富生动的构思产生；其二，推敲性表现的具体成果为设计师分析、判断、抉择方案构思，确立了具体对象与依据。

2. 展示性表现

展示性表现是指设计师对最终的方案设计的表现。它要求该表现应具有完整明确、美观得体的特点，充分展现方案设计的立意构思、空间形象以及气质特点。应注意绘制正式图前做好充分准备、选择合适的表现方法、注意图面构图。

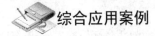综合应用案例

园林设计初步案例

通过对下面案例的欣赏，分析总结园林设计的基本原理及要求，分析理解园林设计方案的表现技巧，如图 7.19～图 7.21 所示。

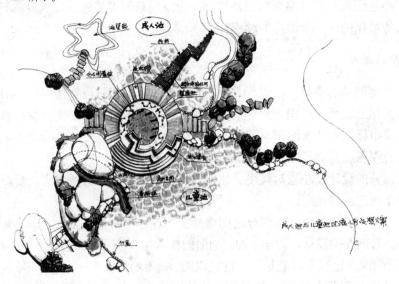

图 7.19

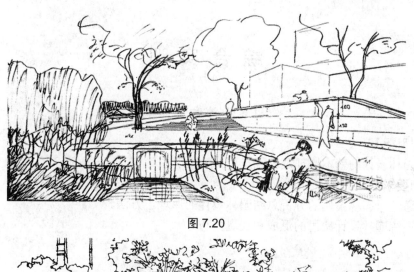

图 7.20

图 7.21

推荐阅读资料

[1] 谷康，李晓颖，朱春艳. 园林设计初步[M]. 南京：东南大学出版社，2003.

[2] 王晓俊. 风景园林设计[M]. 南京：江苏科学技术出版社，1997.

[3] 金煜. 园林植物景观设计[M]. 沈阳：辽宁科学技术出版社，1997.

习　　题

1. 园林的概念、园林设计的概念。
2. 园林的基本构成要素。
3. 园林设计的基本程序和方法。
4. 园林设计的表现技巧。

综 合 实 训

园林设计方案临摹

【实训目标】

掌握园林设计的基本原理及表现技巧。

【实训要求】

（1）通过对园林案例的分析总结园林设计的原理，方法。

（2）训练园林设计构思的形成和表现技巧。

模块

室内设计初步

学习目标

1. 明确室内设计的概念、室内设计的构成要素。
2. 掌握室内设计方案的创意方法及程序。
3. 了解室内设计的注意事项。

学习要求

能力目标	知识要点	相关实验或实训	重点
熟悉	室内设计的概念		
掌握	室内设计方案的创意方法		★
理解	室内设计的注意事项		

8.1 室内设计概述

8.1.1 室内设计的概念

室内设计是根据建筑物的使用性质、所处环境和相应标准，运用物质技术手段和建筑设计原理，创造功能合理、舒适优美、满足人们物质和精神生活需要的室内环境。这一空间环境既具有使用价值，满足相应的功能要求，同时也反映了历史文脉、建筑风格、环境气氛等精神因素。

8.1.2 室内设计的目的与任务

创造满足人们物质和精神生活需要的室内环境，是室内设计的最为根本的目的。

室内设计为满足一定的建造目的（包括人们对它的使用功能的要求、对它的视觉感受的要求），要对现有的建筑物内部空间进行深加工的增值准备工作。目的是为了让具体的物质材料在技术、经济等方面，在可行性的有限条件下形成能够成为合格产品的准备工作。这需要工程技术上的知识，也需要艺术上的理论和技能。

室内设计研究的对象，简单地说就是研究建筑内部空间的围合面及内含物，通常习惯把室内设计按以下几种标准进行划分，具体见表 8-1。

表 8-1 室内设计的分类

标准	类 别
按设计深度分	室内方案设计、室内初步设计、室内施工图设计
按设计内容分	室内装修设计、室内物理设计（声学设计、光学设计）、室内设备设计（室内给排水设计、室内供暖、通风、空调设计；电气、通信设计）、室内软装设计（窗帘设计、饰品选配）、室内风水等
按设计空间性质分	居住建筑空间设计、公共建筑空间设计、工业建筑空间设计、农业建筑空间设计。最常见的分类即公装（公共建筑空间设计）、家装（居住建筑空间设计）

8.1.3 室内设计的内容

室内设计是从建筑设计中的装饰部分演变出来的，是对建筑物内部环境的再创造。室内设计泛指能够在室内建立的任何实际相关物件，主要包括墙、窗户、窗帘、门、表面处理、材质、灯光、空调、水电、环境控制系统、视听设备、家具与装饰品的规划等。

根据建筑物的使用功能，可以将室内设计分类如下。

1. 居住建筑室内设计

它主要涉及住宅、公寓和宿舍的室内设计，具体包括前室、起居室、餐厅、书房、工作室、卧室、厨房和浴厕设计。

2. 公共建筑室内设计（表 8-2）

表 8-2　公共建筑室内设计类别

类别	具体项目
文教建筑室内设计	主要涉及幼儿园、学校、图书馆、科研楼的室内设计，具体包括门厅、过厅、中庭、教室、活动室、阅览室、实验室、机房等室内设计
医疗建筑室内设计	主要涉及医院、社区诊所、疗养院的建筑室内设计，具体包括门诊室、检查室、手术室和病房的室内设计
办公建筑室内设计	主要涉及行政办公楼和商业办公楼内部的办公室、会议室以及报告厅的室内设计
商业建筑室内设计	主要涉及商场、便利店、餐饮建筑的室内设计，具体包括营业厅、专卖店、酒吧、茶室、餐厅的室内设计
展览建筑室内设计	主要涉及各种美术馆、展览馆和博物馆的室内设计，具体包括展厅和展廊的室内设计
娱乐建筑室内设计	主要涉及各种舞厅、歌厅、KTV、游艺厅的建筑室内设计
体育建筑室内设计	主要涉及各种类型的体育馆、游泳馆的室内设计，具体包括用于不同体育项目的比赛和训练及配套的辅助用房的设计
交通建筑室内设计	主要涉及公路、铁路、水路、民航的车站、候机楼、码头建筑，具体包括候机厅、候车室、候船厅、售票厅等的室内设计

3. 工业建筑室内设计

它主要涉及各类厂房的车间、生活间、辅助用房的室内设计。

4. 农业建筑室内设计

它主要涉及各类农业生产用房，如种植暖房、饲养房的室内设计。

8.2　室内设计初步概述

8.2.1　室内设计的构成要素

1. 空间要素

空间的合理化并给人们以美的感受是设计基本的任务。设计者要勇于探索时代、技术赋予空间的新形象，不拘泥于过去形成的空间形象。

2. 色彩要素

室内色彩除对视觉环境产生影响外，还直接影响人们的情绪、心理。科学的用色有利于工作，有助于健康。色彩处理得当既能符合功能要求又能取得美的效果，室内色彩除了必须遵守一般的色彩规律外，还随着时代审美观的变化而有所不同。

3. 光影要素

人类喜爱大自然的美景，常常把阳光直接引入室内，以消除室内的黑暗感和封闭感，特别是顶光和柔和的散射光，使室内空间更为亲切自然。光影的变换，使室内更加丰富多彩，给人多种感受。

4. 材料要素

室内整体空间中不可缺少的建筑构件如柱子、墙面等，结合功能需要加以装饰，可共同构成完美的室内环境。充分利用不同装饰材料的质地特征，可以获得千变万化和不同风格的室内艺术效果，同时还能体现地区的历史文化特征。

5. 陈设要素

室内家具、地毯、窗帘等，均为生活必需品，其造型往往具有陈设特征，大多数起着装饰作用。实用和装饰二者应互相协调，要求功能和形式统一而有变化，使室内空间舒适得体，富有个性。

6. 绿化要素

室内设计中绿化已成为改善室内环境的重要手段。室内移花栽木，利用绿化和小品以沟通室内外环境、扩大室内空间感及美化空间均起着积极作用。

8.2.2 室内设计的原理

1. 室内设计的基本原理

现代室内设计原理，从创造出满足现代功能、符合时代精神的要求出发，强调需要确立活动的核心和整体观。

1）活动核心

以人为本，服务于人，是室内设计社会功能的基石。室内设计的目的是通过创造室内空间环境为人服务，设计者始终需要把人对室内环境的需求，包括物质使用和精神要求两个方面放在设计的首位。由于设计的过程中矛盾错综复杂，问题千头万绪，设计者需要清醒地认识到设计是为确保人们的安全和身心健康，为满足人和人际活动的需要作为核心的。

现代室内设计需要满足人们的生理、心理等要求，需要综合地处理人与环境、人际交往等多项关系，需要在为人服务的前提下，综合解决使用功能、经济效益、舒适美观、环境氛围等种种要求。设计及实施的过程中还会涉及材料、设备、定额法规及与施工管理的协调等诸多问题。可以认为现代室内设计是一项综合性极强的系统工程，但是现代室内设计的出发点和归宿只能是为人和人际活动服务。从为人服务这一"功能的基石"出发，需要设计者细致入微、设身处地地为人们创造美好的室内环境。因此，现代室内设计特别重视人体工程学、环境心理学、审美心理学等方面的研究，用以科学地、深入地了解人们的生理特点、行为心理和视觉感受等方面对室内环境的设计要求。针对不同的人，不同的使用对象，相应地应该考虑不同的要求。

在室内空间的组织、色彩和照明的选用方面，以及对相应使用性质室内环境氛围的烘托等方面，更需要研究人们的行为心理、视觉感受方面的要求。如教堂高耸的室内空间具有神秘感，会议厅规整的室内空间具有庄严感，而娱乐场所绚丽的色彩和缤纷闪烁的照明给人以兴奋、愉悦的心理感受。

2）整体观

现代室内设计的立意、构思，室内风格和环境氛围的创造，需要着眼于对环境整体、文化特征、建筑物的功能特点等多方面的考虑。现代室内设计，从整体观念上来理解，应该看成是环境设计系列中的"链中一环"。

室内设计的"里"和室外环境的"外"（包括自然环境、文化特征、所在位置等），可以说是一对相辅相成、辩证统一的矛盾，正是为了更深入地做好室内设计，更需要对环境整体有足够的了解和分析，着手于室内，但着眼于"室外"。当前室内设计的弊病之一就是相互类同，很少有创新和个性，对环境整体缺乏必要的了解和研究，从而使设计的成果流于一般，设计构思局限封闭。

现代室内设计，或称室内环境设计，这里的"环境"着重有以下两层含义。一层含义是，室内环境是指包括室内空间环境、视觉环境、空气质量环境、声光热等物理环境、心理环境等许多方面，在室内设计时固然需要重视视觉环境的设计，也应重视对室内声、光、热等物理环境，空气质量环境及心理环境等因素为重视，因为人们对室内环境是否舒适的感受，总是综合的。另一层含义是，把室内设计看成自然环境—城乡环境（包括历史文脉）—社区街坊、建筑室外环境—室内环境，这一环境系列的有机组成部分，是"链中一环"，它们相互之间有许多前因后果，或相互制约和提示的因素存在。

2. 室内设计的主要原则

1）功能性原则

它包括满足与保证使用的要求，保护主体结构不受损害和对建筑的立面、室内空间等进行装饰这 3 个方面。

2）安全性原则

无论是墙面、地面或顶棚，其构造都要求具有一定强度和刚度，符合计算要求，特别是各部分之间的连接的节点，更要安全可靠。

3）可行性原则

之所以进行设计，是要通过施工把设计变成现实，因此，室内设计一定要具有可行性，力求施工方便，易于操作。

4）经济性原则

要根据建筑的实际性质不同及用途确定设计标准，不要盲目提高标准，单纯追求艺术效果，造成资金浪费，也不要片面降低标准而影响效果，重要的是在同样造价下，通过巧妙地构造设计达到良好的实用与艺术效果。

5）搭配原则

要满足使用功能、现代技术、精神功能等要求。

8.2.3　室内设计的设计流程

　　室内设计的设计流程与建筑设计基本相似，只有设计的对象有所区别，但设计的基本程序是相同的，主要包括：方案设计的任务分析、方案的构思、方案的调整与深入、方案设计的表现等环节。具体程序参考建筑设计初步，在这里不多介绍。

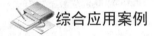综合应用案例

室内设计初步案例

　　通过对下面案例的欣赏，分析总结室内设计的基本原理及要求，分析理解室内设计方案的表现技巧，如图 8.1、图 8.2 所示。

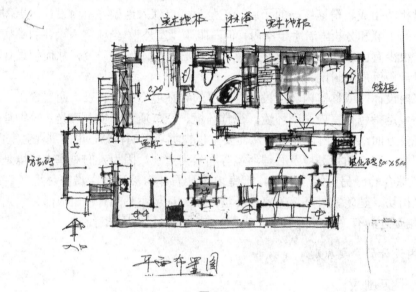

图 8.1

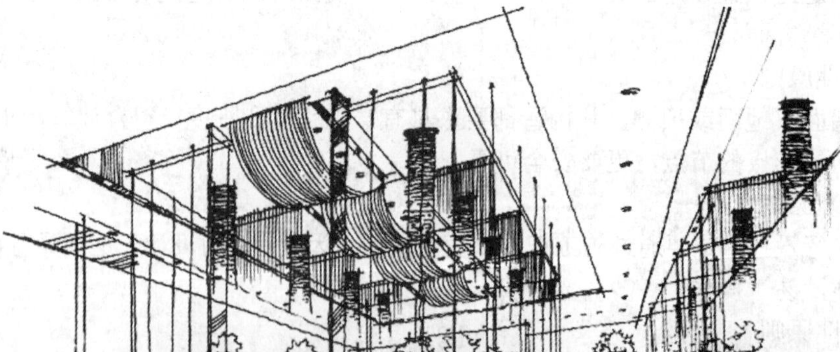

图 8.2

推荐阅读资料

[1] 高鹏，陆斌. 建筑装饰设计[M]. 北京：中水利水电出版社，2012.

[2] 张玲，沈劲夫，汪涛. 室内设计[M]. 北京：中国青年出版社，2009.

[3] 陆晓云. 装饰艺术设计[M]. 北京：北京大学出版社，2011.

习　　题

1．室内设计的概念。

2．室内设计的基本构成要素。

综 合 实 训

室内设计方案临摹

【实训目标】

掌握室内设计的基本原理及表现技巧。

【实训要求】

通过对室内案例的分析总结设计的原理、方法，训练室内设计构思的形成和表现技巧。

参 考 文 献

[1] 王友江. 平面设计基础[M]. 北京：中国纺织出版社，2004.

[2] 王芃，曾俊. 设计基础[M]. 重庆：西南师范大学出版社，1997.

[3] 满懿. 平面构成[M]. 北京：人民美术出版社，2004.

[4] 李燕. 平面构成[M]. 北京：中国水利水电出版社，2009.

[5] 高敏. 工业实用美术设计[M]. 重庆：重庆大学出版社，1988

[6] 赵志国. 色彩构成[M]. 沈阳：辽宁美术出版社，1998.

[7] 崔唯. 色彩构成[M]. 北京：中国纺织出版社，1996.

[8] 易雅琼. 色彩构成[M]. 北京：航空工业出版社，2012.

[9] 何伟，杨儿. 构成设计[M]. 北京：中国水利水电出版社，2008.

[10] 李群英，陈天荣，汪训. 设计色彩[M]. 镇江：江苏大学出版社，2012.

[11] 陈晓梦，李真. 立体构成[M]. 北京：航空工业出版社，2012.

[12] 浦海涛，吴军，陈晓梦. 设计构成[M]. 北京：中国时代经济出版社，2013.

[13] 徐时程. 立体构成[M]. 北京：清华大学出版社，2007.

[14] 卢少夫. 立体构成[M]. 北京：中国美术学院出版社，1993.

[15] 姚腊远. 设计素描[M]. 北京：化学工业出版社，2009.

[16] 易雅琼. 设计素描[M]. 北京：航空工业出版社，2012.

[17] 王建芬. 造型基础与绘画[M]. 北京：机械工业出版社，2011.

[18] 易雅琼. 素描[M]. 北京：航空工业出版社，2012.

[19] 黎红波，李冬冬，徐从先. 色彩风景写生[M]. 北京：航空工业出版社，2012.

[20] 谷康. 园林制图与识图[M]. 南京：东南大学出版社，2004.

[21] 徐元甫. 建筑工程制图[M]. 郑州：黄河水利出版社，2008.

[22] 李随文，刘成达. 园林制图[M]. 郑州：黄河水利出版社，2010.

[23] 张良，贠禄. 园林建筑设计[M]. 郑州：黄河水利出版社，2010.

[24] 张英，郭树荣. 建筑工程制图[M]. 北京：建筑工业出版社，2009.

[25] 刘甦，太良平. 室内装饰工程制图[M]. 北京：中国轻工业出版社，2010.

[26] 杨娜，红方. 图案设计[M]. 北京：中国传媒大学出版社，2010.

[27] 杨永波. 基础图案设计[M]. 南宁：广西美术出版社，2012.

[28] 文峰，李鹏，姚夏宁，柳瑞波. 图案设计[M]. 北京：中国青年出版社，2011.

[29] 蔡从烈，秦栗. 经典图案：风景综合篇[M]. 武汉：湖北美术出版社，2012.

[30] 秦栗，张艳，蔡从烈. 经典图案：花卉综合篇[M]. 武汉：湖北美术出版社，2012.

[31] 张如画，徐丰，张嘉铭. 四大变化装饰图案创意：人物与动物 （上）[M]. 长春：吉林美术出版社，2010.

[32] 张如画，徐丰，张嘉铭. 四大变化装饰图案创意：花卉与风景（下）[M]. 长春：吉林美术出版社，2010.

[33] 田学哲. 建筑初步[M]. 北京：中国建筑工业出版社，1999.

[34] [美]贝尔托斯基. 园林设计初步[M]. 闫红伟，等译. 北京：化学工业出版社，2006.

[35] 谷康，李晓颖，朱春艳. 园林设计初步[M]. 南京：东南大学出版社，2003.

[36] 王晓俊. 风景园林设计[M]. 南京：江苏科学技术出版社，1997.

[37] 金煜. 园林植物景观设计[M]. 沈阳：辽宁科学技术出版社，1997.

[38] 高鹏，陆斌. 建筑装饰设计[M]. 北京：中国水利水电出版社，2012.

[39] 张玲，沈劲夫，汪涛. 室内设计[M]. 北京：中国青年出版社，2009.

[40] 陆晓云. 装饰艺术设计[M]. 北京：北京大学出版社，2011.

[41] 百度网站. http://www.baidu.com.

[42] 百度百科网站. http://baike.baidu.com.

北京大学出版社高职高专土建系列规划教材

序号	书名	书号	编著者	定价	出版时间	印次	配套情况
		基 础 课 程					
1	工程建设法律与制度	978-7-301-14158-8	唐茂华	26.00	2012.7	6	ppt/pdf
2	建设法规及相关知识	978-7-301-22748-0	唐茂华等	34.00	2014.9	2	ppt/pdf
3	建设工程法规(第2版)	978-7-301-24493-7	皇甫婧琪	40.00	2014.8	1	ppt/pdf/答案/素材
4	建筑工程法规实务	978-7-301-19321-1	杨陈慧等	43.00	2012.1	4	ppt/pdf
5	建筑法规	978-7-301-19371-6	董伟等	39.00	2013.1	4	ppt/pdf
6	建设工程法规	978-7-301-20912-7	王先恕	32.00	2012.7	3	ppt/ pdf
7	AutoCAD 建筑制图教程(第2版)	978-7-301-21095-6	郭 慧	38.00	2013.8	5	ppt/pdf/素材
8	AutoCAD 建筑绘图教程(第2版)	978-7-301-20540-8	唐英敏等	44.00	2014.7	1	ppt/pdf
9	建筑CAD项目教程(2010版)	978-7-301-20979-0	郭 慧	38.00	2012.9	2	pdf/素材
10	建筑工程专业英语	978-7-301-15376-5	吴承霞	20.00	2013.8	8	ppt/pdf
11	建筑工程专业英语	978-7-301-20003-2	韩薇等	24.00	2014.7	2	ppt/ pdf
12	★建筑工程应用文写作(第2版)	978-7-301-24480-7	赵立等	50.00	2014.7	1	ppt/pdf
13	建筑识图与构造(第2版)	978-7-301-23774-8	郑贵超	40.00	2014.1	1	ppt/pdf/答案
14	建筑构造	978-7-301-21267-7	肖 芳	34.00	2013.5	3	ppt/ pdf
15	房屋建筑构造	978-7-301-19883-4	李少红	26.00	2012.1	4	ppt/pdf
16	建筑识图	978-7-301-21893-8	邓志勇等	35.00	2013.1	2	ppt/ pdf
17	建筑识图与房屋构造	978-7-301-22860-9	贠禄等	54.00	2013.8	1	ppt/pdf /答案
18	建筑构造与设计	978-7-301-23506-5	陈玉萍	38.00	2014.1	1	ppt/pdf /答案
19	房屋建筑构造	978-7-301-23588-1	李元玲等	45.00	2014.1	1	ppt/pdf
20	建筑构造与施工图识读	978-7-301-24470-8	南学平	52.00	2014.8	1	ppt/pdf
21	建筑工程制图与识图(第2版)	978-7-301-24408-1	白丽红	29.00	2014.7	1	ppt/pdf
22	建筑制图习题集(第2版)	978-7-301-24571-2	白丽红	25.00	2014.8	1	pdf
23	建筑制图(第2版)	978-7-301-21146-5	高丽荣	32.00	2013.2	4	ppt/pdf
24	建筑制图习题集(第2版)	978-7-301-21288-2	高丽荣	28.00	2013.1	4	pdf
25	建筑工程制图(第2版)(附习题册)	978-7-301-21120-5	肖明和	48.00	2012.8	3	ppt/pdf
26	建筑制图与识图(第2版)	978-7-301-24386-2	曹雪梅	36.00	2014.9	1	ppt/pdf
27	建筑制图与识图习题册	978-7-301-18652-7	曹雪梅等	30.00	2012.4	4	pdf
28	建筑制图与识图	978-7-301-20070-4	李元玲	28.00	2012.8	5	ppt/pdf
29	建筑制图与识图习题集	978-7-301-20425-2	李元玲	24.00	2012.3	4	ppt/pdf
30	新编建筑工程制图	978-7-301-21140-3	方筱松	30.00	2014.8	2	ppt/ pdf
31	新编建筑工程制图习题集	978-7-301-16834-9	方筱松	22.00	2014.1	2	pdf
		建 筑 施 工 类					
1	建筑工程测量	978-7-301-16727-4	赵景利	30.00	2013.8	11	ppt/pdf /答案
2	建筑工程测量(第2版)	978-7-301-22002-3	张敬伟	37.00	2013.5	5	ppt/pdf /答案
3	建筑工程测量实验与实训指导(第2版)	978-7-301-23166-1	张敬伟	27.00	2013.9	2	pdf/答案
4	建筑工程测量	978-7-301-19992-3	潘益民	38.00	2012.2	2	ppt/ pdf
5	建筑工程测量	978-7-301-13578-5	王金玲等	26.00	2011.8	3	pdf
6	建筑工程测量实训	978-7-301-19329-7	杨凤华	27.00	2013.5	5	pdf
7	建筑工程测量(含实验指导手册)	978-7-301-19364-8	石 东等	43.00	2012.6	3	ppt/pdf/答案
8	建筑工程测量	978-7-301-22485-4	景 铎等	34.00	2013.6	1	ppt/答案
9	建筑施工技术	978-7-301-21209-7	陈雄辉	39.00	2013.2	3	ppt/pdf
10	建筑施工技术	978-7-301-12336-2	宋永祥等	38.00	2012.4	7	ppt/pdf
11	建筑施工技术	978-7-301-16726-7	叶 雯等	44.00	2013.5	6	ppt/pdf /素材
12	建筑施工技术	978-7-301-19499-7	董伟等	42.00	2011.9	2	ppt/pdf
13	建筑施工技术	978-7-301-19997-8	苏小梅	38.00	2013.5	3	ppt/pdf
14	建筑工程施工技术(第2版)	978-7-301-21093-2	钟汉华等	48.00	2013.8	5	ppt/pdf
15	基础工程施工	978-7-301-20917-2	董伟等	35.00	2012.7	2	ppt/pdf
16	建筑施工技术实训(第2版)	978-7-301-24368-8	周晓龙	30.00	2014.7	1	pdf
17	建筑力学(第2版)	978-7-301-21695-8	石立安	46.00	2013.9	4	ppt/pdf
18	★土木工程实用力学	978-7-301-15598-1	马景善	30.00	2013.1	4	pdf/ppt
19	土木工程力学	978-7-301-16864-6	吴明军	38.00	2011.11	2	ppt/pdf

序号	书名	书号	编著者	定价	出版时间	印次	配套情况
20	PKPM软件的应用(第2版)	978-7-301-22625-4	王娜等	34.00	2013.6	2	pdf
21	建筑结构(第2版)(上册)	978-7-301-21106-9	徐锡权	41.00	2013.4	2	ppt/pdf/答案
22	建筑结构(第2版)(下册)	978-7-301-22584-4	徐锡权	42.00	2013.6	2	ppt/pdf/答案
23	建筑结构	978-7-301-19171-2	唐春平等	41.00	2012.6	4	ppt/pdf
24	建筑结构基础	978-7-301-21125-0	王中发	36.00	2012.8	2	ppt/pdf
25	建筑结构原理及应用	978-7-301-18732-6	史美东	45.00	2012.8	1	ppt/pdf
26	建筑力学与结构(第2版)	978-7-301-22148-8	吴承霞等	49.00	2013.12	4	ppt/pdf/答案
27	建筑力学与结构(少学时版)	978-7-301-21730-6	吴承霞	34.00	2014.8	3	ppt/pdf/答案
28	建筑力学与结构	978-7-301-20988-2	陈水广	32.00	2012.8	1	pdf/ppt
29	建筑力学与结构	978-7-301-23348-1	杨丽君等	44.00	2014.1	1	ppt/pdf
30	建筑结构与施工图	978-7-301-22188-4	朱希文等	35.00	2013.3	2	ppt/pdf
31	生态建筑材料	978-7-301-19588-2	陈剑峰等	38.00	2013.7	2	ppt/pdf
32	建筑材料(第2版)	978-7-301-24633-7	林祖宏	35.00	2014.8	1	ppt/pdf
33	建筑材料与检测	978-7-301-16728-1	梅杨等	26.00	2012.11	9	ppt/pdf/答案
34	建筑材料检测试验指导	978-7-301-16729-8	王美芬等	18.00	2013.7	6	pdf
35	建筑材料与检测	978-7-301-19261-0	王辉	35.00	2012.6	5	ppt/pdf
36	建筑材料与检测试验指导	978-7-301-20045-2	王辉	20.00	2013.1	3	ppt/pdf
37	建筑材料选择与应用	978-7-301-21948-5	申淑荣等	39.00	2013.3	1	ppt/pdf
38	建筑材料检测实训	978-7-301-22317-8	申淑荣等	24.00	2013.4	1	pdf
39	建筑材料	978-7-301-24208-7	任晓菲等	40.00	2014.7	1	ppt/pdf/答案
40	建设工程监理概论(第2版)	978-7-301-20854-0	徐锡权等	43.00	2013.7	4	ppt/pdf/答案
41	★建设工程监理(第2版)	978-7-301-24490-6	斯庆	35.00	2014.9	1	ppt/pdf/答案
42	建设工程监理概论	978-7-301-15518-9	曾庆军等	24.00	2012.12	5	ppt/pdf
43	工程建设监理案例分析教程	978-7-301-18984-9	刘志麟等	38.00	2013.2	2	ppt/pdf
44	地基与基础(第2版)	978-7-301-23304-7	肖明和等	42.00	2014.1	1	ppt/pdf/答案
45	地基与基础	978-7-301-16130-2	孙平平等	26.00	2013.2	3	ppt/pdf
46	地基与基础实训	978-7-301-23174-6	肖明和等	25.00	2013.10	1	ppt/pdf
47	土力学与地基基础	978-7-301-23675-8	叶火炎等	35.00	2014.1	1	ppt/pdf
48	土力学与基础工程	978-7-301-23590-4	宁培淋等	32.00	2014.1	1	ppt/pdf
49	建筑工程质量事故分析(第2版)	978-7-301-22467-0	郑文新	32.00	2013.9	2	ppt/pdf
50	建筑工程施工组织设计	978-7-301-18512-4	李源清	26.00	2013.5	6	ppt/pdf
51	建筑工程施工组织实训	978-7-301-18961-0	李源清	40.00	2012.11	3	ppt/pdf
52	建筑施工组织与进度控制	978-7-301-21223-3	张廷瑞	36.00	2012.9	3	ppt/pdf
53	建筑施工组织项目式教程	978-7-301-19901-5	杨红玉	44.00	2012.1	2	ppt/pdf/答案
54	钢筋混凝土工程施工与组织	978-7-301-19587-1	高雁	32.00	2012.5	1	ppt/pdf
55	钢筋混凝土工程施工与组织实训指导(学生工作页)	978-7-301-21208-0	高雁	20.00	2012.9	1	ppt
56	建筑材料检测试验指导	978-7-301-24782-2	陈东佐等	20.00	2014.9	1	ppt
工 程 管 理 类							
1	建筑工程经济(第2版)	978-7-301-22736-7	张宁宁等	30.00	2013.11	5	ppt/pdf/答案
2	★建筑工程经济(第2版)	978-7-301-24492-0	胡六星等	41.00	2014.9	1	ppt/pdf/答案
3	建筑工程经济	978-7-301-24346-6	刘晓丽等	38.00	2014.7	1	ppt/pdf/答案
4	施工企业会计(第2版)	978-7-301-24434-0	辛艳红等	36.00	2014.7	1	ppt/pdf/答案
5	建筑工程项目管理	978-7-301-12335-5	范红岩等	30.00	2012.4	9	ppt/pdf
6	建设工程项目管理(第2版)	978-7-301-24683-2	王辉	36.00	2014.9	1	ppt/pdf/答案
7	建设工程项目管理	978-7-301-19335-8	冯松山等	38.00	2013.11	3	pdf/ppt
8	★建设工程招投标与合同管理(第3版)	978-7-301-24483-8	宋春岩	40.00	2014.9	1	ppt/pdf/答案/试题/教案
9	建筑工程招投标与合同管理	978-7-301-16802-8	程超胜	30.00	2012.9	2	pdf/ppt
10	工程招投标与合同管理实务	978-7-301-19035-7	杨甲奇等	48.00	2011.8	3	pdf
11	工程招投标与合同管理实务	978-7-301-19290-0	郑文新等	43.00	2012.4	2	ppt/pdf
12	建设工程招投标与合同管理实务	978-7-301-20404-7	杨云会等	42.00	2012.4	2	ppt/pdf/答案/习题库
13	工程招投标与合同管理	978-7-301-17455-5	文新平	37.00	2012.9	1	ppt/pdf
14	工程项目招投标与合同管理(第2版)	978-7-301-24554-5	李洪军等	42.00	2014.8	1	ppt/pdf/答案

序号	书名	书号	编著者	定价	出版时间	印次	配套情况
15	工程项目招投标与合同管理(第2版)	978-7-301-22462-5	周艳冬	35.00	2013.7	2	ppt/pdf
16	建筑工程商务标编制实训	978-7-301-20804-5	钟振宇	35.00	2012.7	1	ppt
17	建筑工程安全管理	978-7-301-19455-3	宋 健等	36.00	2013.5	4	ppt/pdf
18	建筑工程质量与安全管理	978-7-301-16070-1	周连起	35.00	2013.2	7	ppt/pdf/答案
19	施工项目质量与安全管理	978-7-301-21275-2	钟汉华	45.00	2012.10	1	ppt/pdf/答案
20	工程造价控制(第2版)	978-7-301-24594-1	斯 庆	32.00	2014.8	1	ppt/pdf/答案
21	工程造价管理	978-7-301-20655-3	徐锡权等	33.00	2013.8	3	ppt/pdf
22	工程造价控制与管理	978-7-301-19366-2	胡新萍等	30.00	2013.1	3	ppt/pdf
23	建筑工程造价管理	978-7-301-20360-6	柴 琦等	27.00	2013.1	3	ppt/pdf
24	建筑工程造价管理	978-7-301-15517-2	李茂英等	24.00	2012.1	4	pdf
25	工程造价案例分析	978-7-301-22985-9	甄 凤	30.00	2013.8	1	pdf/ppt
26	建设工程造价控制与管理	978-7-301-24273-5	胡芳珍等	38.00	2014.6	1	ppt/pdf/答案
27	建筑工程造价	978-7-301-21892-1	孙咏梅	40.00	2013.2	1	ppt/pdf
28	★建筑工程计量与计价(第2版)	978-7-301-22078-8	肖明和等	58.00	2013.8	5	pdf/ppt
29	★建筑工程计量与计价实训(第2版)	978-7-301-22606-3	肖明和等	29.00	2013.7	3	pdf
30	建筑工程计量与计价综合实训	978-7-301-23568-3	龚小兰	28.00	2014.1	1	pdf
31	建筑工程估价	978-7-301-22802-9	张 英	43.00	2013.8	1	ppt/pdf
32	建筑工程计量与计价——透过案例学造价(第2版)	978-7-301-23852-3	张 强	59.00	2014.4	2	ppt/pdf
33	安装工程计量与计价(第3版)	978-7-301-24539-2	冯 钢等	54.00	2014.8	1	pdf/ppt
34	安装工程计量与计价综合实训	978-7-301-23294-1	成春燕	49.00	2014.1	2	pdf/素材
35	安装工程计量与计价实训	978-7-301-19336-5	景巧玲等	36.00	2013.5	4	pdf/素材
36	建筑水电安装工程计量与计价	978-7-301-21198-4	陈连姝	36.00	2013.8	3	ppt/pdf
37	建筑与装饰装修工程工程量清单	978-7-301-17331-2	翟丽旻等	25.00	2012.8	4	pdf/ppt/答案
38	建筑工程清单编制	978-7-301-19387-7	叶晓容	24.00	2011.8	2	ppt/pdf
39	建设项目评估	978-7-301-20068-1	高志云等	32.00	2013.6	2	ppt/pdf
40	钢筋工程清单编制	978-7-301-20114-5	贾莲英	36.00	2012.2	1	ppt / pdf
41	混凝土工程清单编制	978-7-301-20384-2	顾 娟	28.00	2012.5	1	ppt / pdf
42	建筑装饰工程预算	978-7-301-20567-9	范菊雨	38.00	2013.6	2	pdf/ppt
43	建设工程安全监理	978-7-301-20802-1	沈万岳	28.00	2012.7	1	pdf/ppt
44	建筑工程安全技术与管理实务	978-7-301-21187-8	沈万岳	48.00	2012.9	2	pdf/ppt
45	建筑工程资料管理	978-7-301-17456-2	孙 刚等	36.00	2013.8	4	ppt/pdf
46	建筑施工组织与管理(第2版)	978-7-301-22149-5	翟丽旻等	43.00	2013.4	2	ppt/pdf/答案
47	建设工程合同管理	978-7-301-22612-4	刘庭江	46.00	2013.6	1	ppt/pdf/答案
建 筑 设 计 类							
1	中外建筑史(第2版)	978-7-301-23779-3	袁新华等	38.00	2014.2	2	ppt/pdf
2	建筑室内空间历程	978-7-301-19338-9	张伟孝	53.00	2011.8	1	pdf
3	建筑装饰CAD项目教程	978-7-301-20950-9	郭 慧	35.00	2013.1	1	ppt/素材
4	室内设计基础	978-7-301-15613-1	李书青	32.00	2013.5	3	ppt/pdf
5	建筑装饰构造	978-7-301-15687-2	赵志文等	27.00	2012.11	6	ppt/pdf/答案
6	建筑装饰材料(第2版)	978-7-301-22356-7	焦 涛等	34.00	2013.5	1	ppt/pdf
7	★建筑装饰施工技术(第2版)	978-7-301-24482-1	王 军	37.00	2014.7	1	ppt/pdf
8	设计构成	978-7-301-15504-2	戴碧锋	30.00	2012.10	2	ppt/pdf
9	基础色彩	978-7-301-16072-5	张 军	42.00	2011.9	2	pdf
10	设计色彩	978-7-301-21211 0	龙黎黎	46.00	2012.9	1	ppt
11	设计素描	978-7-301-22391-8	司马金桃	29.00	2013.4	1	ppt
12	建筑素描表现与创意	978-7-301-15541-7	于修国	25.00	2012.11	3	Pdf
13	3ds Max 效果图制作	978-7-301-22870-8	刘 晗等	45.00	2013.7	1	ppt
14	3ds max 室内设计表现方法	978-7-301-17762-4	徐海军	32.00	2010.9	1	pdf
15	Photoshop 效果图后期制作	978-7-301-16073-2	脱忠伟等	52.00	2011.1	2	素材/pdf
16	建筑表现技法	978-7-301-19216-0	张 峰	32.00	2013.1	2	ppt/pdf
17	建筑速写	978-7-301-20441-2	张 峰	30.00	2012.4	1	pdf
18	建筑装饰设计	978-7-301-20022-3	杨丽君	36.00	2012.2	1	ppt/素材
19	装饰施工读图与识图	978-7-301-19991-6	杨丽君	33.00	2012.5	1	ppt
20	建筑装饰工程计量与计价	978-7-301-20055-1	李茂英	42.00	2013.7	3	ppt/pdf

序号	书名	书号	编著者	定价	出版时间	印次	配套情况
	规 划 园 林 类						
1	城市规划原理与设计	978-7-301-21505-0	谭婧婧等	35.00	2013.1	2	ppt/pdf
2	居住区景观设计	978-7-301-20587-7	张群成	47.00	2012.5	1	ppt
3	居住区规划设计	978-7-301-21031-4	张 燕	48.00	2012.8	2	ppt
4	园林植物识别与应用	978-7-301-17485-2	潘利等	34.00	2012.9	1	ppt
5	园林工程施工组织管理	978-7-301-22364-2	潘利等	35.00	2013.4	1	ppt/pdf
6	园林景观计算机辅助设计	978-7-301-24500-2	于化强等	48.00	2014.8	1	ppt/pdf
7	建筑·园林·装饰设计初步	978-7-301-24575-0	王金贵	38.00	2014.10	1	ppt/pdf
	房 地 产 类						
1	房地产开发与经营(第2版)	978-7-301-23084-8	张建中等	33.00	2014.8	2	ppt/pdf/答案
2	房地产估价(第2版)	978-7-301-22945-3	张 勇等	35.00	2013.8	1	ppt/pdf/答案
3	房地产估价理论与实务	978-7-301-19327-3	褚菁晶	35.00	2011.8	2	ppt/pdf/答案
4	物业管理理论与实务	978-7-301-19354-9	裴艳慧	52.00	2011.9	2	ppt/pdf
5	房地产测绘	978-7-301-22747-3	唐春平	29.00	2013.7	1	ppt/pdf
6	房地产营销与策划	978-7-301-18731-9	应佐萍	42.00	2012.8	2	ppt/pdf
7	房地产投资分析与实务	978-7-301-24832-4	高志云	35.00	2014.9	1	ppt/pdf
	市 政 与 路 桥 类						
1	市政工程计量与计价(第2版)	978-7-301-20564-8	郭良娟等	42.00	2013.8	5	pdf/ppt
2	市政工程计价	978-7-301-22117-4	彭以舟等	39.00	2013.2	1	ppt/pdf
3	市政桥梁工程	978-7-301-16688-8	刘 江等	42.00	2012.10	2	ppt/pdf/素材
4	市政工程材料	978-7-301-22452-6	郑晓国	37.00	2013.5	1	ppt/pdf
5	道桥工程材料	978-7-301-21170-0	刘水林等	43.00	2012.9	1	ppt/pdf
6	路基路面工程	978-7-301-19299-3	偶昌宝等	34.00	2011.8	1	ppt/pdf/素材
7	道路工程技术	978-7-301-19363-1	刘 雨等	33.00	2011.12	1	ppt/pdf
8	数字测图技术实训指导	978-7-301-22679-7	赵 红	27.00	2013.6	1	ppt/pdf
9	城市道路设计与施工	978-7-301-21947-8	吴颖峰	39.00	2013.1	1	ppt/pdf
10	建筑给水排水工程	978-7-301-20047-6	叶巧云	38.00	2012.2	1	ppt/pdf
11	市政工程测量(含技能训练手册)	978-7-301-20474-0	刘宗波等	41.00	2012.5	1	ppt/pdf
12	公路工程任务承揽与合同管理	978-7-301-21133-5	邱 兰等	30.00	2012.9	1	ppt/pdf/答案
13	★工程地质与土力学(第2版)	978-7-301-24479-1	杨仲元	41.00	2014.7	1	ppt/pdf
14	数字测图技术应用教程	978-7-301-20334-7	刘宗波	36.00	2012.8	1	ppt
15	数字测图技术	978-7-301-22656-8	赵 红	36.00	2013.6	1	ppt/pdf
16	水泵与水泵站技术	978-7-301-22510-3	刘振华	40.00	2013.5	1	ppt/pdf
17	道路工程测量(含技能训练手册)	978-7-301-21967-6	田树涛等	45.00	2013.2	1	ppt/pdf
18	桥梁施工与维护	978-7-301-23834-9	梁 斌	50.00	2014.2	1	ppt/pdf
19	铁路轨道施工与维护	978-7-301-23524-9	梁 斌	36.00	2014.1	1	ppt/pdf
20	铁路轨道构造	978-7-301-23153-1	梁 斌	32.00	2013.10	1	ppt/pdf
	建 筑 设 备 类						
1	建筑设备基础知识与识图(第2版)	978-7-301-24586-6	靳慧征等	47.00	2014.8	1	ppt/pdf/答案
2	建筑设备识图与施工工艺	978-7-301-19377-8	周业梅	38.00	2011.8	4	ppt/pdf
3	建筑施工机械	978-7-301-19365-5	吴志强	30.00	2013.7	4	pdf/ppt
4	智能建筑环境设备自动化	978-7-301-21090-1	余志强	40.00	2012.8	1	pdf/ppt
5	★建筑节能与施工	978-7-301-24274-2	吴明军等	30.00	2014.8	1	pdf/ppt

相关教学资源如电子课件、电子教材、习题答案等可以登录 www.pup6.com 下载或在线阅读。

扑六知识网(www.pup6.com)有海量的相关教学资源和电子教材供阅读及下载(包括北京大学出版社第六事业部的相关资源)，同时欢迎您将教学课件、视频、教案、素材、习题、试卷、辅导材料、课改成果、设计作品、论文等教学资源上传到 www.pup6.com，与全国高校师生分享您的教学成就与经验，并可自由设定价格，知识也能创造财富。具体情况请登录网站查询。

如您需要样书用于教学，欢迎登录第六事业部门户网(www.pup6.cn)申请，并可在线登记选题来出版您的大作，也可下载相关表格填写后发到我们的邮箱，我们将及时与您取得联系并做好全方位的服务。

联系方式：010-62756290，010-62750667，yangxinglu@126.com，pup_6@163.com，欢迎来电来信咨询。